电气自动化新技术丛书

智联生产线自主智能协同理论与技术

王世勇　甘明刚　石红雁　库　涛　著

机械工业出版社

　　本书主要针对智联生产线数据模型耦合不足、扰动强、数据残缺、模型不精确等问题，以调度优化与协同控制为抓手，阐述数据/模型混合驱动的智联生产线协同认知与控制理论，数据/模型混合驱动的智联生产线自主协同调度方法，数据/模型混合驱动的智联生产线自主协同控制与优化技术，以及智联生产线自主智能协同验证等方面的研究成果。主要内容包括智联生产线模型、智联生产线调度优化、智联生产线自主智能协同控制、智联生产线生产效能评估、智联生产线生产管控系统 5 个部分。

　　本书可作为本科生以及高职院校相关专业师生的参考用书，也可供从事智联生产线、智能制造、智能工厂、工业人工智能的技术人员参考阅读。本书也同样可以满足对此感兴趣的读者的需求，帮助他们深入了解混合驱动的智联生产线的技术、优化和创新。

图书在版编目（CIP）数据

智联生产线自主智能协同理论与技术/王世勇等著. —北京：机械工业出版社，2024.2
（电气自动化新技术丛书）
ISBN 978-7-111-74285-2

Ⅰ.①智…　Ⅱ.①王…　Ⅲ.①自动生产线-控制系统设计　Ⅳ.①TP278

中国国家版本馆 CIP 数据核字（2023）第 223358 号

机械工业出版社（北京市百万庄大街 22 号　邮政编码 100037）
策划编辑：翟天睿　　　　　　　责任编辑：翟天睿
责任校对：张雨霏　张　征　　　封面设计：王　旭
责任印制：张　博
北京建宏印刷有限公司印刷
2024 年 2 月第 1 版第 1 次印刷
169mm×239mm · 10.5 印张 · 1 插页 · 214 千字
标准书号：ISBN 978-7-111-74285-2
定价：69.00 元

电话服务　　　　　　　　　　　网络服务
客服电话：010-88361066　　　　机　工　官　网：www.cmpbook.com
　　　　　010-88379833　　　　机　工　官　博：weibo.com/cmp1952
　　　　　010-68326294　　　　金　书　网：www.golden-book.com
封底无防伪标均为盗版　　　　机工教育服务网：www.cmpedu.com

第7届电气自动化新技术丛书
编辑委员会成员

电气自动化新技术丛书
序　　言

　　科学技术的发展，对于改变社会的生产面貌，推动人类文明向前发展，具有极其重要的意义。电气自动化技术是多种学科的交叉综合，特别是在电力电子、微电子及计算机技术迅速发展的今天，电气自动化技术更是日新月异。毫无疑问，电气自动化技术必将在国家建设、提高国民经济水平中发挥重要的作用。

　　为了帮助在经济建设第一线工作的工程技术人员能够及时熟悉和掌握电气自动化领域中的新技术，中国自动化学会电气自动化专业委员会和中国电工技术学会电控系统与装置专业委员会联合成立了电气自动化新技术丛书编辑委员会，负责组织编辑"电气自动化新技术丛书"。丛书将由机械工业出版社出版。

　　本丛书有如下特色：

　　一、本丛书专题论著，选题内容新颖，反映电气自动化新技术的成就和应用经验，适应我国经济建设急需。

　　二、理论联系实际，重点在于指导如何正确运用理论解决实际问题。

　　三、内容深入浅出，条理清晰，语言通俗，文笔流畅，便于自学。

　　本丛书以工程技术人员为主要读者，也可供科研人员及大专院校师生参考。

　　编写出版"电气自动化新技术丛书"，对于我们是一种尝试，难免存在不少问题和缺点，希望广大读者给予支持和帮助，并欢迎大家批评指正。

电气自动化新技术丛书

编辑委员会

前　言

　　智联生产线是以信息物理融合为特征的新一代智能生产线。智联生产线为应对日益个性化的消费需求，实现高质、高效、透明、柔性生产提供了条件，同时也给生产线的设计、建设、运营、管控带来严峻挑战。在信息物理融合的背景下，数据与模型成为驱动生产线智能管控的重要使能因素。本书针对智联生产线数据模型耦合不足、扰动强、数据残缺、模型不精确等问题，以调度优化与协同控制为抓手，阐述数据/模型混合驱动的智联生产线协同认知与控制理论，数据/模型混合驱动的智联生产线自主协同调度方法，数据/模型混合驱动的智联生产线自主协同控制与优化技术，以及智联生产线自主智能协同验证等方面的研究成果，为智联生产线的自主智能协同调度与控制提供理论指导和技术参考。

　　全书共分5章。第1章题为智联生产线模型，包括智联生产线领域模型和形式化模型两个部分。在领域模型方面介绍了智联生产线的构成要素、要素间的组织结构、数据与模型、信息物理融合机制、数据使能的服务生成等内容。在形式化模型方面，提出了生产任务、生产资源、资源配置形式化模型，并基于形式化模型提出了智联生产线柔性度量方法。第2章题为智联生产线调度优化，一方面系统总结了深度强化学习在求解车间调度问题时，智能体决策机制、中间调度方案、状态、动作和回报等元素的典型设计模式以及模式组合，另一方面针对更复杂的柔性作业车间调度问题，提出了基于深度强化学习的碳排放敏感调度模型，从而既能够优化完工时间等传统生产目标，又能够优化碳排放等新型生产目标。第3章题为智联生产线自主智能协同控制，针对不同场景下的人机物控制建模方法、工业场景下的多模态数据分析和三维目标检测、虚实融合操作等问题进行了研究。从数据/模型混合的不同层次，结合深度学习、强化学习、虚拟现实等新一代人工智能技术，提出了数据/模型混合驱动智联生产线控制模型结构、算法设计及系统应用案例。第4章题为智联生产线生产效能评估，提出了基于关键事件的制造资源实时数据主动感知与集成架构，构建了多策略组合赋权与指标灵敏度分析的数据/模型混合驱动效能评估方法，建立了智联生产线生产效能评估指标体系及评估模型，支持通过云端服务进行智联生产线效能评估。第5章题为智联生产线生产管控系统，集成生产运营、工艺设计、制造执行和质量检测数据，构建了孪生数据库；形成一套数字化生产与集成测试生产线数字孪生模型，实现装配过程场景复现、仿真分析与虚实同步监控；针对生产订单排产、设备物联、安全巡检等问题，融合三维场景、业务系统与物理设备，建立了生产订单动态排产系统、设备物联掉线系统、现场异常事件预警与追踪系统，实现订单动态排产、设备实时监控、现场异常事件快速反馈、预警与追踪。PCB 微孔钻削智联生产线实际应用表明，该管控系统能够有效提升生产过程的数字化、透明化、敏捷化水平，保障生产线的高效生产与产品的快速交付。

本书由华南理工大学王世勇副教授，北京理工大学甘明刚教授，深圳大学石红雁副教授，中国科学院沈阳自动化研究所库涛研究员合著，华南理工大学研究生李嘉贤、冯俊祺、林颖、权世文，北京理工大学研究生马千兆、徐海涛、夏明月、张少卿、朱轶兵，深圳大学研究生李永辉、周倩、胡旭朋、彭思元、黄嘉奇，中国科学院沈阳自动化研究所研究生李进、刘鑫宇、周建承、彭志辰、邵鑫喆、王天树、俞宁，中国电器科学研究院股份有限公司余和青、马芳等为本书的实例整理提供了支持和帮助，在此对以上同志的辛苦付出表示衷心的感谢。全书由甘明刚教授审校。

本书是国家重点研发计划"网络协同制造和智能工厂"重点专项项目——数据/模型混合驱动的生产线自主智能协同基础理论（2020YFB1708500）的研究成果总结，在此特向科学技术部表示衷心的感谢。

本书的编写不仅集成了作者对智联生产线自主智能协同长期的观察、思考、研究、实践，还参考了国内外一些研究学者的思想观点，在此谨向他们表示感谢。同时，特别感谢北京理工大学、华南理工大学、中国科学院沈阳自动化研究所、深圳大学、中国电器科学研究院股份有限公司等单位在项目研究和本书撰写过程中给予的大力支持和指导。

由于作者水平有限，书中难免存在疏漏之处，恳请广大读者批评指正。

作　者
2023 年 10 月 1 日

目　录

第1章 智联生产线模型

1.1 引言

生产线是一种应用广泛的生产资源组织形式。长期以来，产品质量和生产效率是衡量生产线性能的核心指标[1]。然而，在个性化消费需求的驱动下，生产线日益向着数字化、智能化方向发展，体现出明显的信息物理融合特征[2]。智联生产线是一种复杂的信息物理融合系统，除了质量和效率等传统评价方法外，柔性、透明性、确定性等新的特征也得到越来越多的关注[3,4]。因此，有必要准确描述智联生产线的静态结构和动态行为，特别是信息物理融合的方式，以便为系统性能优化奠定基础。

1.2 智联生产线架构与运行机理

本节将从"结构-行为-功能"三个维度阐述智联生产线的构成要素、要素间的组织关系，以及要素间的相互作用关系。结构是智联生产线的物质基础，行为是基于结构的动态过程，功能是结构和行为共同作用所体现出的有益效果。功能既是设计结构与行为的目的，也是设计结构和行为的出发点。智联生产线不是纯粹的机械装置，也不是传统的机电一体化装置，而是复杂的信息物理融合系统。所以，既要分别阐述智联生产线物理部分和信息部分的结构，又要阐述物理部分和信息部分的相互作用，从而明确智联生产线功能的产生机制和性能的影响规律。

1.2.1 构成要素

生产线的设计与建设是服务于特定的生产对象的，所以生产对象不同，其对应的生产线也不相同。即使是同样的生产对象，由于采用的生产工艺不同，故生产线的构成也不尽相同[5]。因此，为了从总体上把握生产线，理解生产线的构成与运作规律，必须对生产线进行适当的抽象，分类、分级地考察生产线的构成要素，如图 1-1 所示。

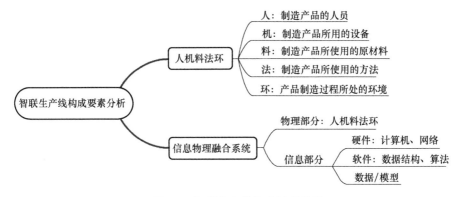

图 1-1 智联生产线构成要素分析

1. 人机料法环分析方法

人机料法环是对全面质量管理理论中的 5 个影响产品质量的主要因素的简称。人，指制造产品的人员；机，指制造产品所用的设备；料，指制造产品所使用的原材料；法，指制造产品所使用的方法；环，指产品制造过程所处的环境[6,7]。

生产线将人机料法环等各种要素有机组织起来，实现预定的生产目标。这些要素之间的关系可以简单概括为："人"基于"法"操作"机"处理"料"。同时，生产线总是处于一定的物理环境，即车间中，车间的温度、湿度、洁净程度对产品质量，特别是精密生产过程具有显著的影响。另外，生产线的运作需要"环"供给水、电、气、液等资源，其中水可用于冷却、清洗，电和气可用作能源驱动"机"，液是指除了水之外的其他液体，比如润滑油、冷却液等。

2. 信息物理分析方法

人机料法环等各种要素是传统生产线和智联生产线所共有的。为了实现智能化管控，智联生产线还必须具备完善的信息化设施。所以，智联生产线是一种信息物理融合系统。人机料法环对应智联生产线的物理部分，信息化设施对应智联生产线的信息部分。物理部分和信息部分的双向互动是构建智联生产线的基础。

对信息化设施的理解可以从硬件、软件、数据、模型等几个维度进行[8]。硬件主要包括终端、服务器、网络等几个部分，这些硬件虽然在信息处理能力方面有所不同，在物理尺寸、外观等方面也有很大差别，但本质上都是数字计算机，具有相同的运行逻辑。软件是信息处理功能的具体实现，是一组有着严格逻辑关系的计算指令，这些指令被硬件执行时将对数据/模型进行处理和变换，所以数据/模型是软件处理的对象。这样，硬件、软件、数据/模型三者之间的关系可以简单概括为：硬件运行软件，软件处理数据/模型；当然，硬件也负责存储软件和数据/模型。

1.2.2 组织结构

智联生产线是一个复杂的信息物理系统，包含复杂异构的组成要素，这些要素必须有机地组织起来，以协调各自的动作，从而实现生产目标。本节将介绍物理部分和信息部分的组织结构，如图1-2所示。

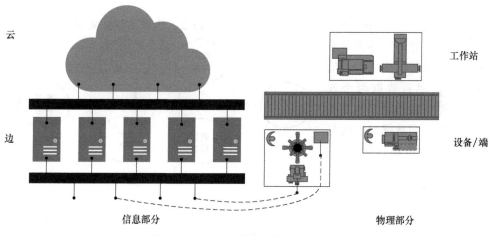

图1-2 智联生产线制造资源组织结构

1. 物理部分组织结构

为了完成一个生产任务（例如零件加工、设备组装），通常需要执行多个工序，而一个工序的完成可能需要一台或几台设备，并且设备的操作需要若干人员。也就是说，通常相关的若干设备组成一个工作站来完成一个或几个工序，工作站之间通过物流设备进行联结，实现工件在工作站之间的流转。

所以，生产线由工作站和物流设备组成，而工作站由全自动、半自动或手动设备组成，其中全自动设备在其正常工作期间不需要人的参与，半自动或手动设备需要人的参与才能正常工作[9]。

2. 信息部分组织结构

信息设备按照信息处理的流程可以分为云、边、端等几个级别。其中，端是指数据处理或控制执行的终端控制器，在生产环境中直接与传感器和执行器相连；边是指边缘处理设备，在生产环境中对应本地服务器，能够集中处理多个终端的信息；云是指远程云计算设备，能够集中处理多个边缘设备的信息[10,11]。

云、边、端通过网络互联，但是由于网络负载是动态变化的，所以网络通信存在延迟，而且通常通信距离越长，延迟越大。因此，云计算设备虽然具有强大数据存储和处理能力，但因其距离较远，所以网络延迟大，信息处理的实时性差；终端距离数据的距离最短，实时性最好，但是终端数据存储和处理能力较弱；边缘处理设备由于采用本地化部署，所以处理能力和实时性均较强，能够很好地弥补"云-端"架构的不足。

在"云、边、端"架构中，终端负责处理实时性高的控制任务（微秒级、毫秒级），边缘处理设备负责处理实时性较高的线上任务（秒级），云计算设备负责处理实时性较低的离线任务（分级、时级），在智联生产线中均起到重要作用。

1.2.3 数据与模型

智联生产线中同时存在物质流、能量流和信息流，因此不仅需要对原材料进行物理或化学处理，还要对相关的信息进行同步处理。信息包括模型和数据两个部分，模型体现的是系统结构化的知识，而数据反映的是系统的实时状态，如图 1-3 所示。

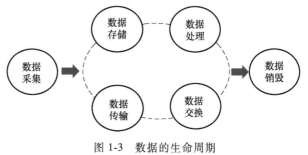

图 1-3　数据的生命周期

1. 数据的生产

在智联生产线中，传感器是一个重要且直接的数据来源。传感器测量某一物理量并将其转化为数字信号上传给终端控制器。终端控制器利用传感器数据进行分析计算，其计算结果通常作为新的数据上传到边缘处理设备。边缘处理设备也会对其接收到的数据进行处理，进而生成新的数据，上传到云计算中心。

数据的另一个来源是人工输入。人机料法环相关的基础数据难以通过传感器采集，所以通常由人工进行输入。比如，人的身份信息、岗位信息、权限信息；机床的参数设置、铭牌信息；允许的环境温度、湿度、粉尘和自由离子浓度；与加工方法相关的数控程序等。

智联生产线是工厂或企业的一部分。一个企业除了生产管理系统外，还有其他系统，比如 ERP 系统、仓储管理系统等。这些系统也能为智联生产线提供有益的数据，比如 ERP 系统能够提供订单信息，仓储管理系统能够提供物料信息，这些信息对于生产工艺的制定、生产调度的实现具有重要的作用。

综上所述，数据是智联生产线运行的重要支撑条件之一，数据的来源通常有传感器采集、人工输入、其他信息系统输入、系统处理结果等几个来源。

2. 数据的消费

智联生产线中的数据源通常处于异步工作状态，即它们在不同的时间节点产生各自的数据。不同的数据从其产生至消亡的生命周期中，可能按顺序经过若干个处理单元，也可能被若干个并发的计算单元所处理。比如，某一传感器数据，经某个处理单元封装后存入数据库中；然后该数据被若干个数据分析单元所使用。又比如，某几个传感器数据经过清理、汇集、统计分析后产生二级数据；然后二级数据被存储以待后续使用，而传感器数据被丢弃。

数据处理单元的载体是软件，软件的输入对应着被消费的数据，软件的输出对应着新生成的数据。在智联生产线的"云-边-端"架构的各个层次，分布着数量不等的计算与存储节点，这些节点通过网络构成了一个分布式系统[12,13]，数据以及处理数据的软件均分布在这个信息网络中。理论上，网络中的任一软件可以访问网络中的任一数据。所以，数据只要存在于系统中的任一位置，就表明数据存在。另外，数据不会因为被使用一次或多次而自然消亡。数据的消亡有以下6个途径：

1）数据被删除；

2）原有数据被新的数据所覆盖；

3）存储在内存中的数据，在其所在的计算机断电后自然消失；

4）存储在数据库或文件中的数据，因存储介质（硬盘、光盘、U盘等）故障而受损；

5）数据源产生的数据没有被及时接收；

6）数据被遗忘，而造成的事实上的消亡。

为了减少网络传输对系统性能的影响，数据的处理单元应该尽量靠近数据源，即数据处理软件应该部署在离数据源较近的计算机节点上。例如，数控机床都有本地部署的专用数控系统。

3. 数据标准化

数据是智联生产线管控的基础性和平台性使能要素。生产线中的数据特征多样（类型、精度、频率），分散化，与硬件或软件实体关联紧密。为了保证数据质量（一致性、准确性、完整性、实时性），必须构建统一的信息模型。信息模型应该明确定义数据的语法和语义；建立数据词典，避免随意定义数据标签；从数据流的角度，构建智联生产线的数据网络，确定数据的生命周期；设计数据的标识与访问机制，实现全局数据的分布式访问；对数据的状态和性能进行有效描述，协助处理单元筛选数据。

4. 机理模型与数据模型

机理模型是基于物理、化学和生物学等学科的理论和原理，通过描述和解释物理、化学和生物学的基本机制构建的模型。数据模型则是基于实验数据、观测数据和统计数据等构建的数据间的关系。在智联生产线中，机理模型包括机构的几何学模型、运动学模型、动力学模型，设备运行的逻辑顺序模型、调度模型、控制模型等。机理模型具有一般性、确定性和可解释性，是一种白盒模型。

然而，对于复杂的系统来说，往往难以建立准确、完善的机理模型。另外，模型的参数等难以进行精确测量。这样，在现实中，通常需要对模型进行简化，从而会影响模型的精度。因此，在实际情况下，数据模型可以作为机理模型的重要补充。当前，数据模型多基于深度神经网络，表达的是数据之间的关系，是一种黑盒模型。

1.2.4 融合机理

如图1-4所示，信息部分和物理部分持续、动态的相互作用贯穿着智联生产线运行的整个过程。信息部分是智联生产线的大脑，负责生产线的决策与控制；物理

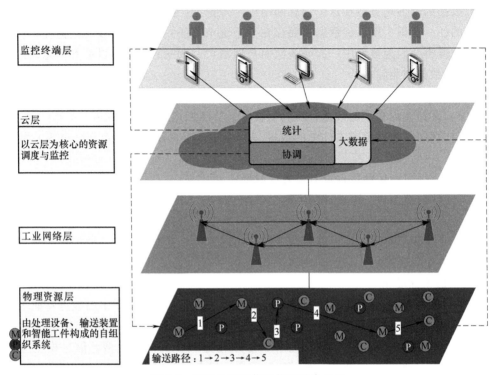

图 1-4　智联生产线信息物理融合机理

部分是生产线的四肢和五官，负责生产线的感知和执行。

1. 信息-物理边界

在智联生产线中，信息系统和物理系统既相互独立，又相互配合。为了厘清信息系统与物理系统的交互关系以及深层次的融合机理，首先必须明确信息系统与物理系统的边界。信息系统的物理基础是计算机系统，云计算设备、边缘处理设备是独立的计算机系统，通常位于专业机房或机柜中，所以很容易辨别。而终端控制器常以嵌入式计算机的形式，作为设备的一部分而存在。比如，作为数控机床核心部件之一的数控系统就是一台嵌入式计算机。数控系统通过执行数控指令，控制机床完成加工动作。在智联生产线中，机床数控系统可以作为终端控制器向边缘处理设备提供数据，并执行边缘处理设备下发的指令。所以，在智联生产线中，数控设备的数控系统是连接信息系统和物理系统的重要桥梁，是信息系统和物理系统的重要交互界面。

当然，除了数控系统以外，智联生产线还可以部署独立于设备的终端控制器，进而利用这些控制器管理独立于设备的传感器和执行器。例如，可以部署环境传感器以监控环境的温度、湿度、粉尘和自由离子，同时部署执行器来调节这些环境参数。对于半自动，特别是手动设备来说，由于不存在数控系统，故额外部署终端控制器、传感器和执行器将会十分必要。比如，若采用条码或二维码标识工件，则在半自动或手动加工时，可以采用扫描枪读写标签数据。另外，由于某些工作站可能包含多台设备（比如加工设备、转台、上下料机械手等），因此有必要设立控制器、传感器和执行器来协调这些设备的运作。这样的工作站级的控制器可以看作是边缘处理设备。

2. 信息-物理的互操作

在智联生产线中，信息系统与物理系统的互动发生在不同的层次上，由下往上依次为单机层、工作站层、整线层。在单机层，典型的场景是数控系统与数控机床的交互。数控系统负责执行数控程序，处理传感器输入数据，生成控制指令驱动执行器（电机、气缸等）动作。虽然从物理上来看，数控系统是数控机床的一部分，但从逻辑上来看，数控系统也属于"云-边-端"信息架构中的终端控制器。对于半自动或手动设备，也会部署控制器、传感器和执行器，从而将半自动或手动设备接入智联生产线的信息系统中。

在工作站层，边缘控制器负责协调站内多台设备之间的动作。比如在人机协作场景中，边缘控制器可以执行语音识别和手势识别算法，并且根据识别结果向机器人或者工作站内的其他设备下达指令。可见，边缘控制器独立于单台设备而存在。

在整线层，生产调度是典型的应用场景。生产调度的目的是将生产资源（主要是指工作站）合理地安排给生产任务。对智联生产线来说，这是一项全局性的优化工作。调度器要了解所有生产任务和生产资源的状态、能力等信息[14]。

由上述分析可知，直接的信息-物理交互发生在单机层，而工作站层、整线层是间接的信息-物理交互场所。整线层的决策要交由工作站层来执行，而工作站层的决策要交由单机层来完成。当然，有些工作也可以直接发生在整线层和单机层之间，而不经过工作站层。例如，设备状态可由数控系统直接报给设备监控软件。单机层、工作站层、整线层只是一种逻辑划分。从网络通信的观点来看，一台计算机无论位于"云-边-端"信息架构中的哪个层次，都是平等的通信节点。

3. 云辅助自组织

自组织系统是一种去中心化的协作系统，系统中的节点（智能体）依据其自身和伙伴的部分数据和模型进行决策和运动，多个智能体的综合行为表现出系统性的功能。在自组织系统中，单个智能体是近视的，其决策是局部的。所以，自组织系统难以实现全局最优。在智联生产线中，可以以工作站为单位构建整线自组织系统；在工作站内，也可以以设备为单位构建工作站自组织系统。

在整线自组织系统中，可以基于云做全局优化，优化结果作为工作站边缘控制器的决策依据之一；在工作站自组织系统中，可以基于边缘控制器做全局优化，优化结果作为单机数控系统的决策依据之一。这样，可以建立以自组织为主云（或边缘）为辅的智联生产线运行机理[15]。

1.2.5　系统功能

在智联生产线架构中，数据、模型等信息汇集到云平台中。所以除了进行生产过程的调度和优化以外，还可以执行类似 MES 的多种功能。

1. 信息统计

可以统计与人、机、料、法、环相关的各种信息，例如人员数量、作业时间、机器利用率、材料消耗情况、产品质量信息、生产率、成品率等。

2. 状态监控

包括订单完成状态、机器状态等。此外，还可以动态更新并可视化各种统计信息。在关键状态变化发生时，主动进行预警。

3. 问题回溯

对于有问题的产品，可以快速构建其生产足迹，提取相关的设备、人员、工艺信息，分析问题产生的位置和原因。

4. 性能预测

智联生产线是柔性生产系统，面向多品种小批量产品的混流生产，生产效率因生产任务的变化而变化，所以基于数据和模型预测生产性能具有重要的意义。设备故障的预测有助于主动运维，减少不必要的宕机时间，降低对正常生产的干扰[16]。根据生产工艺数据预测产品质量，可以减少质量检测的投入。

5. 过程优化

原材料的质量和生产工艺决定着产品的质量和生产效率，基于模型、实时数据和历史数据，建立材料、工艺与产品质量、生产效率的关系，能够持续改善生产工艺，从而逐渐提升产品质量和生产效率。

1.3　生产任务形式化建模

在制造领域，要完成一个生产任务通常需要处理多个工序。这些工序按照加工先后顺序进行排列，即形成一条工艺路线。采用单向量方法可以表达一条工艺路线，其中每个工序作为向量中的一个元素，并且向量中的元素具有唯一的、确定的先后顺序。比如一个机械零件的加工工艺路线可以表示为：车外圆→铣端面→钻孔→喷丸，而一瓶饮料的灌装工艺路线可以表示为：饮料加注→加盖→贴标→检测。

然而，在实际生产中，有些工序之间没有严格的先后顺序要求，比如一个矩形平板需要在四个转角处各钻一个安装孔，那么以任意的顺序加工这些安装孔，对该矩形平板的质量都无影响。还有一些复杂的生产任务，可能存在部分工序间有严格的先后顺序要求，而另一些工序间没有严格顺序要求的情况。这些情况都表明，某些生产任务允许多条加工工艺路线存在，但基于单向量表示方法，只能将生产任务允许的所有工艺路线一一列出，形成一组向量。这种处理方法无法有效表达工序间的关系，并且在生产阶段，也难以基于该方法动态选择加工工艺路线。

为了克服现有技术存在的缺陷与不足，本节将提出一种多工艺路线生产任务形式化建模方法。该方法基于向量与集合将工序进行层层分组，构造相互嵌套与连接的工序向量或工序集合，从而达到有效描述工序之间关系，并且同时表达生产任务的多条工艺路线的目的。

1.3.1　工序建模

生产任务可以表示为二元组，即

$$Job = \{ Operations, Sequences \} \tag{1-1}$$

式中，$Operations$ 表示工序集合，描述的是工序 Op 的性质；$Sequences$ 表示工序序列集合，描述的是工序间的先后顺序关系。

工序 Op 定义为三元组，即

$$Op = \{ opID, opType, opAttributes \} \tag{1-2}$$

1）$opID$ 表示工序的标识号。可以有不同的编码形式，只需要保证同一个 $Operations$ 集合中的任意两个工序：

$$\forall Op_i \in Operations,\ Op_j \in Operations,\ i,\ j = 1 \cdots n,\ i \neq j,\ 有$$

$$Op_i.\, opID \neq Op_j.\, opID \tag{1-3}$$

即要求工序具有互不相同的 ID。式中，n 表示工序的数量。

2）$opType$ 表示工序类型。本质上，$opType$ 定义了一个属性集，包括属性的名称、属性的含义、属性的数据类型以及属性的取值范围。任意两个工序的类型可以相同也可以不同。

3）$opAttributes$ 指定了属性具体取值。$opType$ 相同的两个工序，其 $opAttributes$ 的取值可以相同，也可以不同，但必须符合 $opType$ 对属性的数据类型及取值范围的限制。

1.3.2　工序序列建模

将 $Sequences$ 表示成一个向量或集合，称为工序向量或工序集合。工序向量或工序集合包含一个或多个元素，元素为工序 Op、子向量 $SubVector$、子集合 $SubSet$ 中的一种、两种或三种。子向量或子集合也可以有其子向量或子集合，即其元素为工序 Op、子向量 $SubVector$、子集合 $SubSet$ 中的一种、两种或三种。也就是说，向量、集合可以单向嵌套。同一向量内的元素具有唯一先后顺序关系，而同一集合内的元素具有任意先后顺序关系。所以，工序向量或工序集合包含的工艺路线数量为所有集合元素个数的阶乘的积。

下面通过一些典型模式展示该方法的含义，见表 1-1。表中，NoP（Number of Paths）表示 $Sequences$ 允许的工序执行序列的数量。

工序向量或工序集合内没有子向量或子集合时，形成表 1-1 所示的模式 1（$P1$）和模式 2（$P2$）。

1）$P1$：零级嵌套工序向量 $Sequences$

$$Sequences = [Op_1, \cdots, Op_i, \cdots, Op_n] \tag{1-4}$$

表示该 $Sequences$ 内的工序之间有且只有一个执行序列：$Op_1 \rightarrow Op_2 \cdots \rightarrow Op_n$，即

$$NoP(Sequences) = 1 \tag{1-5}$$

表 1-1　各模式 $Sequences$ 表达式及 NoP 公式

工序向量 $Sequences$			
$P1$	$Sequences = [Op_1, \cdots, Op_i, \cdots, Op_n]$	无嵌套	
$P3$	$Sequences = [SubVector_1, \cdots, SubVector_i, \cdots, SubVector_n]$	向量嵌入向量	
$P5$	$Sequences = [SubSet_1, \cdots, SubSet_i, \cdots, SubSet_n]$	集合嵌入向量	$NoP = \prod\limits_{i=1}^{n} NoP(SubX_i)$
$P7$	$Sequences = [SubX_1, \cdots, SubX_i, \cdots, SubX_n]$	向量、集合嵌入向量	
工序集合 $Sequences$			
$P2$	$Sequences = \{Op_1, \cdots, Op_i, \cdots, Op_n\}$	无嵌套	
$P4$	$Sequences = \{SubVector_1, \cdots, SubVector_i, \cdots, SubVector_n\}$	向量嵌入集合	
$P6$	$Sequences = \{SubSet_1, \cdots, SubSet_i, \cdots, SubSet_n\}$	集合嵌入集合	$NoP = n!\prod\limits_{i=1}^{n} NoP(SubX_i)$
$P8$	$Sequences = \{SubX_1, \cdots, SubX_i, \cdots, SubX_n\}$	向量、集合嵌入集合	

2）$P2$：零级嵌套工序集合 $Sequences$

$$Sequences = \{Op_1, \cdots, Op_i, \cdots, Op_n\} \tag{1-6}$$

表示该 $Sequences$ 内的工序允许以任意顺序执行，所以执行序列数量为

$$NoP(Sequences) = n! \tag{1-7}$$

即零级嵌套工序集合 $Sequences$，其 NoP 等于该 $Sequences$ 内元素数量的阶乘。

3）当工序向量或工序集合内至少包含一个子向量 $SubVector$ 或子集合 $SubSet$，而子向量或子集合不包含子向量或子集合，即只有一级嵌套时，形成 6 种模式，即表 1-1 所示的模式 3（$P3$）~模式 8（$P8$）。

4）进一步，可以对工序向量或工序集合进行二级或多级嵌套，从而形成更多的模式。

需要指出的是，与 $SubVector$ 或 $SubSet$ 处于同一层级的单个工序，可以看成是仅有一个元素的 $SubVector$ 或 $SubSet$，就对工序序列的影响而言，单个工序的本体、向量、集合等几种表达形式是等价的，即

$$Op \equiv [Op] \equiv \{Op\} \tag{1-8}$$

据此，工序向量 $Sequences$ 和工序集合 $Sequences$ 可一般化表示为

$$Sequences = [SubX_1, \cdots, SubX_i, \cdots, SubX_m] \tag{1-9}$$

$$Sequences = \{SubX_1, \cdots, SubX_i, \cdots, SubX_m\} \tag{1-10}$$

式中，*SubX* 表示一个子向量 *SubVector*、一个子集合 *SubSet* 或一个工序 *Op*。

对 *SubX* 有以下限定：对 $\forall i,\ j = 1,\ 2,\ \cdots,\ m,\ i \neq j$，有

$$SubX_i \neq \phi \tag{1-11}$$

即每个元素都至少包含一个工序。

$$SubX_i \subset Operations \tag{1-12}$$

即每个元素都不允许包含生产任务不需要的工序。

$$SubX_i \cap SubX_j = \phi \tag{1-13}$$

即元素间包含的工序不允许重复。

$$SubX_1 \cup SubX_2 \cdots \cup SubX_m = Operations \tag{1-14}$$

即不允许遗漏工序。

注：在进行集合运算时，应先将子向量 *SubVector* 转换为具有相同元素的子集合 *SubSet*。

1.3.3 几个性质

基于上述定义的 *Sequences* 具有以下性质：

（1）原子性 对 *SubX* 的执行具有原子性，即当执行流进入一个 *SubX* 后，仅当该 *SubX* 的全部工序被执行完毕后，执行流才会退出 *SubX*。可见，若 $SubX_i$ 的某个工序先于 $SubX_j$ 被执行，则表明 $SubX_i$ 的所有工序都先于 $SubX_j$ 被执行。

（2）等价性 一个 *Sequences* 确定的所有工序序列都是合法的，都能满足产品质量要求。

（3）稀疏性 对于 n 个工序组成的 *Sequences*，工序向量或工序集合能够表示的 *NoP* 范围在 $1 \sim n!$ 之间，但 *NoP* 的可能取值远小于 $n!$ 个。因为 *NoP* 是阶乘的积，而单个阶乘的结果是 1 或偶数，并且连续自然数的阶乘并不是连续整数，所以阶乘的积也不是连续整数。例如，对于由 6 个工序组成的序列，其 *NoP* 取值空间为

$$\{1,2,4,6,8,12,16,24,32,36,48,72,96,120,144,240,720\}$$

即只有 17 种可能的取值，而 $6! = 720$。所以，合法的 *NoP* 占比仅为 2.36%。

1.3.4 工序序列运算

稀疏性带来的问题是工序向量或工序集合无法表达有些序列组合，针对这一问题，可以先将工序向量或工序集合转换为无嵌套工序向量集合

$$Sequences = \{S_1, \cdots, S_i, \cdots, S_m\} \tag{1-15}$$

式中，每个元素 S_i（$i = 1,\ 2,\ \cdots,\ m$）都是 P1 模式的工序序列。

例如，对于工序向量

$$Sequence1 = [\{Op_1, Op_2, Op_3\}, [Op_4, Op_5]] \tag{1-16}$$

由于其包含一个子集合 $\{Op_1, Op_2, Op_3\}$，所以具有 6 条工艺路线

$$S_1 = [Op_1, Op_2, Op_3, Op_4, Op_5] \tag{1-17}$$

$$S_2 = [Op_1, Op_3, Op_2, Op_4, Op_5] \tag{1-18}$$

$$S_3 = [Op_2, Op_1, Op_3, Op_4, Op_5] \tag{1-19}$$

$$S_4 = [Op_2, Op_3, Op_1, Op_4, Op_5] \tag{1-20}$$

$$S_5 = [Op_3, Op_1, Op_2, Op_4, Op_5] \tag{1-21}$$

$$S_6 = [Op_3, Op_2, Op_1, Op_4, Op_5] \tag{1-22}$$

进而，$Sequence1$ 可以改写为

$$Sequence1 = \{S_1, S_2, S_3, S_4, S_5, S_6\} \tag{1-23}$$

另一序列

$$Sequence2 = [[Op_1, Op_2, Op_3], \{Op_4, Op_5\}] \tag{1-24}$$

可改写为

$$Sequence2 = \{S_7, S_8\} \tag{1-25}$$

其中

$$S_7 = [Op_1, Op_2, Op_3, Op_4, Op_5] \tag{1-26}$$

$$S_8 = [Op_1, Op_2, Op_3, Op_5, Op_4] \tag{1-27}$$

这样，利用加减运算就可以得到新的 $Sequences$，例如：

$$Sequence3 = Sequence1 + Sequence2 = \{S_1, S_2, S_3, S_4, S_5, S_6, S_8\} \tag{1-28}$$

由于 $S_1 = S_7$，因此合并为一项，$Sequence3$ 只有 7 个序列。同样的

$$Sequence4 = Sequence2 - Sequence1 = \{S_2, S_3, S_4, S_5, S_6\} \tag{1-29}$$

经减法运算后 $Sequence4$ 只有 5 个序列。

由上可知，对多个工序向量或工序集合进行加减混合运算，可以形成 NoP 数在 $1 \sim n!$ 之间的任意 $Sequences$。例如，为了构造一个 $NoP = 10$ 的序列（计为 $Sequences|_{NoP_{10}}$），可以采用以下方案：

$$Sequences|_{NoP_{10}} = Sequences|_{NoP_4} + Sequences|_{NoP_6} \tag{1-30}$$

或

$$Sequences|_{NoP_{10}} = Sequences|_{NoP_8} + Sequences|_{NoP_6} - Sequences|_{NoP_4} \tag{1-31}$$

对于有 n 个工序的 Job，由于能构造 $n!$ 个互不相同的 $P1$ 模式的序列，所以为了构造 $NoP = m$ 的序列 $Sequences|_{NoP_m}$，通用的方法是将 m 个不同的 $P1$ 模式的序列相加。

$$Sequences|_{NoP_m} = \sum_m Sequences|_{NoP_1} \tag{1-32}$$

1.4　生产资源形式化建模

生产资源可以表示为三元组，即

$$Resources = \{PhysicalEntities, CyberEntities, Coupling\} \tag{1-33}$$

式中，$PhysicalEntities$ 表示物理生产资源；$CyberEntities$ 表示信息生产资源；$Coupling$ 表示两种资源间的融合。

1.4.1　物理资源建模

将物理生产资源定义为二元组，即

$$PhysicalEntities = \{Machines, Routes\} \tag{1-34}$$

式中，$Machines$ 表示机器集合；$Routes$ 表示机器之间的输送路径集合。

$$Machines = \{m_1, \cdots, m_i, \cdots, m_n\} \tag{1-35}$$

机器 m 是一个三元组

$$m = \{mID, mType, mAttributes\} \tag{1-36}$$

1）mID 可以有不同的编码形式，只需要保证同一个 $Machines$ 集合中的任意两个机器（$\forall m_i$，m_j，$i \neq j$）有

$$m_i.mID \neq m_j.mID \tag{1-37}$$

即要求机器具有互不相同的 ID。

2）$mType$ 表示机器类型，生产设备可以分为加工设备、装配设备、检测设备、缓存设备、输送设备等几类。$mType$ 本质上定义了一个属性集，包括属性的名称、属性的含义、属性的数据类型以及属性的取值范围。任意两个机器的类型可以相同也可以不同。这些属性包括但不限于：设备完成某一操作所需的"时间""能耗/单位时间""成本/单位时间"；输送路径的"长度""速度""能耗/单位时间""成本/单位时间"；以及设备的可靠性。

3）$mAttributes$ 指定了属性的具体取值。$mType$ 相同的两个机器，其 $mAttributes$ 的取值可以相同，也可以不同，但必须符合 $mType$ 对属性取值范围的限制。

1.4.2　信息资源建模

将信息资源定义为五元组，即

$$CyberEntities = \{Hardware, Software, Models, Data, Mapping\} \tag{1-38}$$

式中，$Hardware$ 表示硬件部分；$Software$ 表示软件部分；$Models$ 表示模型与知识；$Data$ 表示信息与数据；$Mapping$ 表示各组件之间的关系。

$$Hardware = \{Cloud, Edges, Ports, Nets\} \tag{1-39}$$

式中，$Cloud$ 表示远端信息中心，通常拥有最大的计算、存储能力和并发访问能力；$Edges$ 表示近端边缘计算设备，用于就近处理实时性要求较高的任务；$Ports$ 表示 $Machines$ 集合中各个设备开发的通信端口；$Nets$ 表示通信网络，用于 $Cloud$、$Edges$、$Ports$ 间的连接与通信。

$Nets$ 上的 $Cloud$、$Edges$、$Ports$ 都有域名与地址。$Cloud$ 和 $Edges$ 还有各种各样的属性，从使用者来看，主要的属性包括计算能力、存储容量、网络访问能力、稳定性等。$Nets$ 本身的属性主要是带宽、实时性和稳定性。信息任务的处理时间、信息传输时间以及这些时间的波动将影响物理生产过程。

$Software$、$Models$ 和 $Data$ 分布在 $Cloud$、$Edges$、$Ports$ 中，同时 $Software$ 要处理

Models 和 *Data*，这些都是完成生产任务不可缺少的部分，它们的关系如下：

$$Mapping: Software \times Handware \mapsto \{0,1\} \qquad (1\text{-}40)$$

式中，0 表示软件不在该硬件中；1 表示软件位于该硬件中。一个软件可以部署到 0 至多个硬件中。

$$Mapping: Models \times Handware \mapsto \{0,1\} \qquad (1\text{-}41)$$

式中，0 表示模型不在该硬件中；1 表示模型位于该硬件中。一个模型可以部署到 0 至多个硬件中。

$$Mapping: Data \times Handware \mapsto \{0,1\} \qquad (1\text{-}42)$$

式中，0 表示数据不在该硬件中；1 表示数据位于该硬件中。一个数据可以部署到 0 至多个硬件中。

$$Mapping: Software \times Software \mapsto \{0,1\} \qquad (1\text{-}43)$$

式中，0 表示软件间有通信；1 表示软件间无通信。

$$Mapping: Models \times Software \mapsto \{0,1\} \qquad (1\text{-}44)$$

式中，0 表示软件不使用该模型；1 表示软件使用该模型。一个模型可被 0 至多个软件使用。

$$Mapping: Data \times Software \mapsto \{0,1\} \qquad (1\text{-}45)$$

式中，0 表示软件不使用该数据；1 表示软件使用该数据。一个数据可以被 0 至多个软件使用。

信息资源具有以下 4 个特点：

1）分布式。一方面，硬件资源分散在网络中并通过网络连接；另一方面，软件、模型、数据等资源分散在各个硬件中。

2）全连接。接入网络的对象能够相互访问。位于相同或不同硬件上的软件之间可以互相通信，一台硬件上的软件可以访问另一台硬件上的模型与数据。

3）通信上的对等性。从通信角度看，信息传递的两端并没有明显的主次关系。

4）逻辑上的层次性。分布的软件模块服从于同一个系统管控目的，处理系统业务的不同阶段或不同方面的工作，因此软件间有明显的上下游关系。在工业中，一个常用的金字塔架构是：ERP-MES-SCADA-Field Controllers。

1.4.3 信息物理交互建模

Machines 通过 *Ports* 接入网络，成为网络上的一个节点，为整个系统提供 *Data*，并接收来自 *Cloud* 或 *Edges* 的指令，以及来自其他 *Machines* 的信息，并且进行本地控制，有以下关系式：

$$Coupling: Ports \times Machines \mapsto \{0,1\} \qquad (1\text{-}46)$$

式中，0 表示设备不提供该端口；1 表示设备提供该端口。一个设备可以提供 0 至多个端口。

智联生产线是一个融合了自动化、信息化、数字化的信息物理融合系统，包含机器设备、计算机、网络、软件、模型、数据等丰富的资源，如何协同与调度信息和物理这两方面的资源将对生产任务的完成效率、质量、能耗、成本等关键性能指标具有重要的影响。

1.5　生产资源配置建模

1.5.1　机器配置建模

Machines 的功能用于完成 *Job* 要求的操作，采用功能矩阵表示每台 *Machines*（主要指加工设备、装配设备、检测设备等，不包括输送设备）能够处理的操作类型

$$Function: (Machines - TransportingMachines) \times opTypes \mapsto \{0,1\} \qquad (1\text{-}47)$$

见表 1-2。

表 1-2　功能矩阵示例

Function	$opTypes_1$	$opTypes_2$	$opTypes_3$	$opTypes_i$
M_1	1	1	0	0
M_2	0	1	0	0
M_3	1	0	1	0
M_i	0	1	0	0

根据功能矩阵，可以定义功能函数 $Function(M_i, opType_j)$，其值表示设备 M_i 是否能够处理操作类型 $opType_j$

$$Function(M_i, opType_j) = \begin{cases} 0, M_i \text{ 不能处理操作类型} opType_j \\ 1, M_i \text{ 能够处理操作类型} opType_j \end{cases} \qquad (1\text{-}48)$$

NoF（Number of Function）代表设备 M_i 能够处理的操作类型数量，有

$$NoF(M_i) = \sum_j Function(M_i, opType_j) \qquad (1\text{-}49)$$

即矩阵第 i 行各列数值之和，据此可以划分设备类型

$$设备类型 = \begin{cases} 储备设备, NoF(M_i) = 0 \\ 单功能设备, NoF(M_i) = 1 \\ 多功能设备, NoF(M_i) > 1 \end{cases} \qquad (1\text{-}50)$$

NoM 代表能够处理操作类型 $opType_j$ 的设备数量，有

$$NoM(opType_j) = \sum_i Function(M_i, opType_j) \qquad (1\text{-}51)$$

即矩阵第 j 列各行数值之和，据此可以判断 $opType_j$ 的设备冗余度

$$设备冗余度 = \begin{cases} 设备短缺, NoM(opType_j) = 0 \\ 无冗余, NoM(opType_j) = 1 \\ 有冗余, NoM(opType_j) > 1 \end{cases} \quad (1\text{-}52)$$

1.5.2 输送路径建模

将路径集合命名为 $Routes$。在工业实践中，$Routes$ 通常由一条主路径、若干条分支路径以及终端路径组成。主路径覆盖主要工作区域，如图 1-5 所示，有开放的单向路径（如传送带）、双向路径（如 AGV 小车）、循环路径（如环形传送带、转台）等几种形式。

图 1-5　主路径分类

如图 1-6 所示，分支路径用于局部扩展主路径的覆盖范围，可以是传送带、AGV 等各种形式，分支路径要能够与主路径或其他分支路径双向连接，以保证在制品完成所需处理后能够返回输送网络。终端路径主要由上下料机械手形成，应与主路径或其他分支路径双向连接，而由机器以内联方式直接处理工件形成的路径不能算作终端路径。如果分支路径或终端路径与输送网络是单向连接关系，那么该分支路径或设备应是最终工序所处的路径或设备。

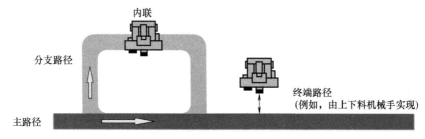

图 1-6　分支路径与终端路径示意图

综上所述，$Routes$ 代表主路径、分支路径和终端路径组成的输送网络，可由连接矩阵表示

$$Link : TransportingMachines \times TransportingMachines \mapsto \{0, 1\} \quad (1\text{-}53)$$

见表1-3。

表 1-3 连接矩阵示例

Link	T_1	T_2	T_3	T_j
T_1	1	1	0	0
T_2	0	1	1	0
T_3	0	0	1	1
T_i	1	0	0	1

根据连接矩阵，定义连接函数 $Link(T_i, T_j)$，表示输送设备 T_i 是否连接到 T_j，即待制品能否从 T_i 流动到 T_j

$$Link(T_i, T_j) = \begin{cases} 0, \text{不能由} T_i \text{流向} T_j \\ 1, \text{能够由} T_i \text{流向} T_j \end{cases} \tag{1-54}$$

对于单向传输设备 T_i，T_j，如果有

$$Link(T_i, T_j) = 1 \text{ 且 } Link(T_j, T_i) = 0 \tag{1-55}$$

则表示待制品只能从 T_i 流动到 T_j。而如果有

$$Link(T_i, T_j) = 1 \text{ 且 } Link(T_j, T_i) = 1 \tag{1-56}$$

则表示 T_i 与 T_j 构成了一个回路，即 T_i 与 T_j 首尾相接。

根据式（1-56）的原理，可以将环形传送带等效为首尾相接的两条开环传动带，也可以将环形传送带、AGV、转盘、往复运动的导轨、上下料机械手等双向输送设备等效为运动方向相反但是首尾相连的两个设备。

实际工况中，一个输送设备 T_i（如传送带）可能会在不同的部位与其他多个设备相连。例如：

$$Link(T_i, T_j) = 1 \text{ 且 } Link(T_j, T_k) = 1 \tag{1-57}$$

那么以这些交点为节点，将 T_i 拆分为多个输送设备，从而使得所有的输送设备都是单向运动设备，便可简化连接矩阵的表达。Routes 实际上描述了一个物流输送网络，而 Machines（不包括 Transporting）通过这个网络交换在制品。Machines 与 Routes 的关系通过一个关联矩阵进行表示

$$Attach: (Machines - TransportingMachines) \times TransportingMachines \mapsto \{0,1\} \tag{1-58}$$

见表1-4。

表 1-4 关联矩阵示例

Link	T_1	T_2	T_3	T_j
M_1	1	1	0	0
M_2	0	1	0	0
M_3	0	0	1	0
M_i	0	0	0	1

根据关联矩阵，定义关联函数 $Attach(M_i, T_j)$，表示 M_i 是否连接到 T_j，即 M_i 是否能从 T_j 获得物料，并将处理完的物流放回 T_j。

$$Attach(M_i, T_j) = \begin{cases} 0, M_i \text{ 没有连接到 } T_j \\ 1, M_i \text{ 连接到 } T_j \end{cases} \quad (1\text{-}59)$$

根据连接矩阵和关联矩阵，能够确定任意两台设备间的输送路径。然而，工业实践中，限于单一生产线的规模，输送路径网络包含的分支通常较少，并且不会频繁变动，因此可以预先确定任意两台设备间的输送路径，形成静态路由表，由路由矩阵表示

$$Route : (Machines - TransportingMachines) \times TransportingMachines \mapsto$$
$$\{\phi, Vector\ of\ TransportingMachines\} \quad (1\text{-}60)$$

见表 1-5。

表 1-5　路由矩阵示例

Route	M_1	M_2	M_3	M_j
M_1		T_1	$T_1 \rightarrow T_2$	$T_1 \rightarrow T_2 \rightarrow T_3$
M_2			$T_1 \rightarrow T_2$	$T_1 \rightarrow T_2 \rightarrow T_3$
M_3				T_3
M_i				

路径函数 $Route(M_i, M_j)$ 的值是由输送设备形成的向量（一个或多个），也可能是 ϕ，表示不存在这样的输送路径，用 NoR（Number of Route）表示路径数量。对于目标操作类型集 $opTypeSet$，生产资源的配置需要保证 $\forall opType \in opTypes$，$NoM(opType) \geq 1$，同时够为每个生产任务构造至少一条输送路径，以完成生产任务 $Sequences$ 中的至少一个序列。

1.6　智联生产的柔性度量

1.6.1　生产任务柔性度量

柔性意味着更多的选择和不确定性。生产任务的柔性应该来源于操作 $Operations$ 和操作序列 $Sequences$ 两个方面。

对于单一操作 Op_i 来说，其加工精度要求越低（即允许误差范围越大），则能用于处理该操作的设备通常越多，从而使得其柔性越大。由于 NoM 表示能够处理操作 Op_i 的设备数量，所以 $NoM = 1$ 对应的操作柔性度为 0，即 $f(Op_i) = 0$，因此操作柔性适合用对数表示。参考信息熵定义，假设设备执行该操作的概率相等，有

$$f(Op_i) = \log_2 NoM(Op_i) \quad (1\text{-}61)$$

对于一个生产任务，所有操作 $Operations$ 的综合柔性可以表示为

$$f(Operations) = \sum_i f(Op_i) = \sum_i \log_2 NoM(Op_i) \tag{1-62}$$

对于操作序列 *Sequences*，其对生产任务柔性的影响与其 *NoP* 取值正相关。同理，由于 $NoP = 1$ 对应的操作序列柔性度为 0，即 $f(Sequences) = 0$，所以 *Sequences* 的柔性适合用对数表示。参考信息熵定义，有

$$f(Sequences) = \log_2 NoP(Sequences) \tag{1-63}$$

综合式（1-62）与式（1-63），可以得到生产任务柔性度公式

$$f(Job) = f(Job.Operations) + f(Job.Sequences)$$
$$= \sum_i \log_2 NoM(Op_i) + \log_2 NoP(Sequences) \tag{1-64}$$

1.6.2 生产资源柔性度量

资源配置冗余和输送路径的数量能够体现物理资源的柔性，多功能设备和设备冗余的存在产生了柔性。对设备 M_i 来说，由于 $NoF = 1$ 对应的操作柔性度为 0，即 $f(M_i) = 0$，所以操作柔性适合用对数表示。参考信息熵定义，假设设备执行该操作的概率相等，有

$$f(M_i) = \log_2 NoF(M_i) \tag{1-65}$$

设备冗余是设备柔性的另一方面，有

$$f(opType_j) = \log_2 NoM(opType_j) \tag{1-66}$$

由式（1-65）与式（1-66），得出一条生产线所有设备的综合柔性可表达为

$$f(Machines) = \sum_i f(M_i) + \sum_j f(opType_j)$$
$$= \sum_i \log_2 NoF(M_i) + \sum_j \log_2 NoM(opType_j) \tag{1-67}$$

对于输送路径 $Route(M_i, M_j)$，其对生产资源柔性的影响与 *NoR* 取值正相关。同理，由于 $NoR = 1$ 对应的输送路径柔性度应该为 0，即 $f[Route(M_i, M_j)] = 0$，所以 *Routes* 的柔性适合用对数表示。参考信息熵定义，有

$$f[Route(M_i, M_j)] = \log_2 NoR[Route(M_i, M_j)] \tag{1-68}$$

那么一条生产线所有路径的综合柔性可表示为

$$f(Route) = \sum_{i,j} f[Route(M_i, M_j)] = \sum_{i,j} \log_2 NoR[Route(M_i, M_j)] \tag{1-69}$$

由式（1-68）与式（1-69），得出一条生产线上物理生产资源配置柔性度为设备综合柔性与路径综合柔性之和，即

$$f(PhysicalEntities) = f(PhysicalEntities.Machines) + f(PhysicalEntities.Routes)$$
$$= \sum_i \log_2 NoF(M_i) + \sum_j \log_2 NoM(opType_j) +$$
$$\sum_{i,j} \log_2 NoR[Route(M_i, M_j)] \tag{1-70}$$

1.7 本章小结

本章以系统论为指导，探究智联生产线的组成要素，认识信息物理要素的融合

机制，明确多工艺路线生产任务的特点，并以形式化方法描述了生产任务、生产资源以及任务与资源、不同资源之间的关联，并建立了智联生产的柔性度量方法。

参 考 文 献

[1] 张维，张少勋，吴燕，等. 一种面向时序数据的多品种小批量生产线性能预测模型研究 [J]. 航空制造技术，2022，65（19）：30-36.

[2] 金飞翔，王康文，吕刚，等. 基于数字孪生技术的智能生产线应用探索 [J]. 现代制造工程，2023，（02）：18-26.

[3] 吴泽锐，刘冉，陈晓东，等. 数学优化和人工智能助力智能制造生产线——基于上汽大众新能源汽车生产的案例研究 [J]. 工业工程与管理，2021，26（06）：208-218.

[4] 刘建康，郝尚华，王树华，等. 数据驱动的数控加工生产线实时监控与优化控制技术框架 [J]. 计算机集成制造系统，2019，25（08）：1875-1884.

[5] 李浩，王昊琪，刘根，等. 工业数字孪生系统的概念、系统结构与运行模式 [J]. 计算机集成制造系统，2021，27（12）：3373-3390.

[6] 夏治刚，徐傲，万由顺，等. 基于碳中和的人-机-料-法-环五位一体纺纱新技术解析 [J]. 纺织学报，2022，43（01）：58-66，88.

[7] 张超，周光辉，李晶晶，等. 新一代信息技术赋能的数字孪生制造单元系统关键技术及应用研究 [J]. 机械工程学报，2022，58（16）：329-343.

[8] 罗瑞平，盛步云，黄宇哲，等. 基于数字孪生的生产系统仿真软件关键技术与发展趋势 [J]. 计算机集成制造系统，2023，29（06）：1965-1982.

[9] 王世勇，万加富，张春华，等. 面向智能产线的柔性输送系统结构设计与智能控制 [J]. 华南理工大学学报（自然科学版），2016，44（12）：30-35.

[10] LIN C C, DENG D J, CHIH Y L, et al. Smart manufacturing scheduling with edge computing using multiclass deep Q network [J]. IEEE Transactions on Industrial Informatics, 2019, 15 (7)：4276-4284.

[11] MOON J, YANG M, JEONG J. A novel approach to the job shop scheduling problem based on the deep Q-network in a cooperative multi-access edge computing ecosystem [J]. Sensors, 2021, 21 (13)：4553.

[12] 高艺平，李新宇，单杭冠，等. 5G 技术赋能的智能离散制造车间主动调度模式 [J]. 机械工程学报，2023，59（12）：38-46.

[13] TANG H, LI D, WAN J, et al. A reconfigurable method for intelligent manufacturing based on industrial cloud and edge intelligence [J]. IEEE Internet of Things Journal, 2019, 7 (5)：4248-4259.

[14] LI Y, GU W, YUAN M, et al. Real-time data-driven dynamic scheduling for flexible job shop with insufficient transportation resources using hybrid deep Q network [J]. Robotics and Computer-Integrated Manufacturing, 2022, 74：102283.

[15] WANG S, WAN J, ZHANG D, et al. Towards smart factory for industry 4.0：a self-organized multi-agent system with big data based feedback and coordination [J]. Computer networks, 2016, 101：158-168.

[16] CHEN B, WAN J, XIA M, et al. Exploring equipment electrocardiogram mechanism for performance degradation monitoring in smart manufacturing [J]. IEEE/ASME Transactions on Mechatronics, 2020, 25 (5)：2276-2286.

第2章　智联生产线调度优化

2.1　引言

    在离散制造环境中，生产一个工件通常需要一组机器来执行一系列加工操作。为了满足这一要求，一个直观而有效的解决方案是流水线生产。在流水线生产中，机器按照加工工序顺序进行排列，相同类型的工件可以自然地排队，由流水线逐个进行加工。然而，当一组工件在工序顺序和工序数量上存在差异时，由于流水线要求严格的固定工序顺序，因此该生产方式不再可行。尽管柔性材料处理系统可以动态配置机器序列，但如果来自不同序列的工件具有相同的工序，那么它们将竞争同一台机器。

    上述问题被称为作业车间调度问题（Job-Shop Scheduling Problem，JSSP）。JSSP 的主要特征来自于工件和机器两个方面：

    1）工件的加工工序顺序是预先定义好的，必须严格遵守；

    2）调度实例由一组工序顺序和数量不同的工件组成；

    3）一台机器同一时间只能处理一个工序；

    4）机器进行加工时不允许被抢占；

    5）调度开始时所有机器起动；

    6）不考虑工件的运输时间和机器的安装时间。

    调度求解器通过确定竞争工序的加工顺序来仲裁竞争。尽管在工件和机器方面引入了限制条件，但调度实例仍然存在多个可行的解决方案，因为不同的工件可以采用不同的方式排队来共享同一台机器。然而，可行的调度解决方案通常在性能指标（如最大完工时间、延迟时间、机器利用率、能源消耗和碳排放）上存在差异，这就为调度求解器留下了优化给定性能指标或指标组合的空间。因此，生产调度是一种重要的生产优化技术。

    JSSP 本质上是 NP（Non-Deterministic Polynomial）难组合优化问题的一个子类[1]。对于简单和小规模的问题，可以用精确的数学模型或穷举方法得到最优解。另一方面，启发式规则[2] 和元启发[3,4] 等近似方法因为能够更好地权衡效率和性能，已被广泛用于寻找复杂或大规模问题的次优解决方案。上述近似方法的适应性强，但不能将求解经验推广到新问题上，这意味着求解经验不能被重用，无法促进不同调度实例的求解。为了克服这一缺陷，基于深度强化学习（Deep Reinforcement Learning，DRL）[5] 的调度方法以其计算效率高、泛化能力强等突出优势引起了研究者的兴趣。

DRL 模型具有一些常见的要素，即智能体、环境、状态、动作和回报。在为 JSSP 构建 DRL 模型时，这些要素需要特别的设计。本章将首先通过查阅代表性的文献，对 DRL 调度模型的典型设计模式进行辨析和比较，并对典型设计模式及模式组合进行统计分析。进一步，提出基于深度强化学习的碳排放敏感柔性作业车间调度方法，实现柔性作业车间的多目标调度。

2.2　作业车间调度问题的深度强化学习求解模型的设计模式

2.2.1　基于 DRL 的作业车间调度问题

本节将介绍 JSSP 的数学模型和 DRL 调度模型的执行过程。

1. 作业车间调度问题的制定

一个生产调度实例处理的对象为一个生产工件集合 $\mathcal{J}$，包含 $|\mathcal{J}|$ 个生产工件（$J_i \in \mathcal{J}$）；生产工件 J_i 包含 n_i 个工序，其中，$O_{i,j}$ 为 J_i 的第 j 个工序，$\mathcal{O}$ 表示 $\mathcal{J}$ 的所有工序形成的集合，所以生产工件集合 $\mathcal{J}$ 共包含 $|\mathcal{O}| = \sum_{i=1}^{|\mathcal{J}|} n_i$ 个工序；处理这些生产工件的机器集合为 $\mathcal{M}$，包含 $|\mathcal{M}|$ 台机器（$M_k \in \mathcal{M}$）。因此，生产调度问题的规模可以定义为 $|\mathcal{J}| \times |\mathcal{M}|$。调度问题的求解就是在满足约束条件的情况下，确定每个工序 $O_{i,j}$ 的处理开始时间 $S_{i,j}$ 和完成时间 $C_{i,j} = S_{i,j} + p_{i,j}$，其中，$p_{i,j}$ 表示处理工序 $O_{i,j}$ 所需的时间。以一个 3×3 JSSP 为例，表 2-1 给出了每道工序的 $p_{i,j}$ 和 M_k。

表 2-1　JSSP 调度实例

任务	交期	工序	每个工序可选择的机器和加工时间		
			M_1	M_2	M_3
J_1	20	$O_{1,1}$	2		
		$O_{1,2}$		3	
		$O_{1,3}$			5
J_2	15	$O_{2,1}$	3		
		$O_{2,2}$			3
		$O_{2,3}$		3	
J_3	25	$O_{3,1}$		3	
		$O_{3,2}$	4		
		$O_{3,3}$			3

图 2-1a 所示的析取图利用有向弧来表明工件的工序加工顺序。无向弧用于表示不同工序之间的机器共享。一旦调度求解器将共享工序进行排队，$O_{i,j}$ 的 $S_{i,j}$ 和 $C_{i,j}$ 就能通过特定的解码算法确定。调度结果通常以甘特图进行可视化，如图 2-1b 所示，其中，最大完工时间 $C_{\max} = \max_i C_{i,n_i}$ 是 16，等于最晚完工工序 $O_{3,3}$ 的完工时间。

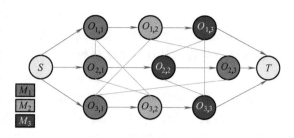

a) 基于析取图的JSSP表达

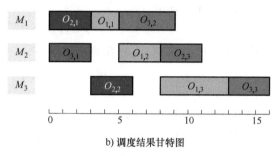

b) 调度结果甘特图

图 2-1　作业车间调度问题实例

2. 基于深度强化学习的调度体系结构与过程

DRL 调度模型是一个带有参数方程的马尔可夫决策过程（Markov Decision Processes，MDP）[6]，在模型训练过程中为参数赋值。因此，训练后的 DRL 调度模型成为一种实用的调度求解器。DRL 调度求解器的结构和执行过程如图 2-2 所示。智能体和环境之间的循环通过 5 个环节建立，即感知、分析、决策、控制和执行。智能体通过感知模块从环境中获取原始信息，并通过分析模块得出状态和回报。下一步，智能体通过决策模块根据状态选择动作，并通过控制和执行模块监督所选动作的执行。因此，智能体与环境交互，以反复更新状态、动作和回报。这样，经过多次迭代，生成一个可行的调度方案。

环境是一个中间调度方案（Temporary Scheduling Solution，TSS），即初始调度方案、不完全调度方案或待优化的完整调度方案。状态是对环境的描述，当前状态 s_t 由分析环节的状态生成函数根据感知环节采样到的数据生成，如下：

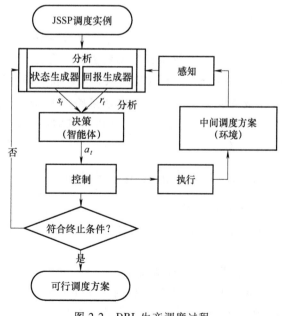

图 2-2　DRL 生产调度过程

$$s_t = s(sensations) \tag{2-1}$$

式中，$sensations$ 表示感知环节采样到的数据。

决策环节的目的是基于策略函数 π_θ，选择对应于状态 s_t 的动作 a_t，如下：

$$p(a_t) = \pi_\theta(a_t | s_t) \tag{2-2}$$

式中，$p(a_t)$ 表示动作 a_t 被选择的概率。可见，策略函数 π_θ 是一个关于 s_t 和 a_t 的概率分布函数。动作 a_t 经控制、执行等环节作用于环境后，将更新中间调度方案（TSS），促使其转移到新的状态 s_{t+1}，并生成回报 r_t。

回报 r_t 用于反映 t 时刻生产调度目标相对于 $t-1$ 时刻的变化，由分析环节的回报生成函数生成，如下：

$$r_t = r(sensations) \tag{2-3}$$

状态 s_{t+1} 以概率 $p(s_{t+1})$ 出现，如下：

$$p(s_{t+1}) = p(s_{t+1} | s_t, a_t) \tag{2-4}$$

式中，$p(s_{t+1} | s_t, a_t)$ 是一个关于 s_t、a_t 和 s_{t+1} 概率分布函数，反映的是中间调度方案的随机性。应该指出的是，$p(s_{t+1} | s_t, a_t)$ 反映的是环境的固有特征，它不能从外部控制，即不能由智能体控制。因此，智能体必须找到一个适配的策略，而不是更改 $p(s_{t+1} | s_t, a_t)$。重复上述过程直至满足结束条件，获得最终的可行调度方案。

训练阶段与上述的应用阶段类似，然而，训练 DRL 调度模型并不关注于为特定的调度实例找到可行的解决方案。相反，它从一个随机初始化的策略函数开始，通过多个调度实例下的智能体-环境交互不断优化该函数，以对大量数据 (s_t, a_t, r_t, s_{t+1}) 进行采样。然后利用采样的过程数据来优化策略函数 π_θ，即更新其参数 θ，如下：

$$\theta_{i+1} = \theta_i + f(s_t, a_t, r_t, s_{t+1}) \tag{2-5}$$

经过反复的数据采样与参数更新，参数 θ 将收敛到最优化参数 θ^*，对应于最优化策略函数 π_{θ^*}。在应用阶段，面对新的调度问题，将直接采用最优化策略函数 π_{θ^*} 生成调度方案，而不再更新策略函数 π_{θ^*}。需要注意的是，最优化策略函数 π_{θ^*} 是基于训练数据得到的，所以将其应用于新的调度问题时得到的不一定是最优的调度方案。

2.2.2　DRL 要素的典型设计模式

基于 DRL 的生产调度模型的设计主要包括智能体决策机制设计、中间调度方案设计、状态设计、动作设计以及回报设计等 5 个部分，各部分典型设计模式分述如下。

1. 智能体决策机制设计

DRL 的工作过程是一种时序决策过程，其每个回合的决策都将经历若干个状态，执行若干个动作，并获得若干个回报，这些状态和动作构成一个决策路径 τ，如下：

$$\tau = (s_1, a_1, s_2, a_2, \cdots, s_{T-1}, a_{T-1}, s_T) \tag{2-6}$$

式中，T 表示终止时刻；s_1 与 s_T 分别表示起始状态与终止状态。

DRL 算法的优化目标是获得最大的累积回报 $R(\tau)$，如下：

$$R(\tau) = r_1 + r_2 + \cdots + r_{T-1} = \sum_{t=1}^{T-1} r_t \tag{2-7}$$

目前，DRL 算法主要分为 3 类，即基于值函数的 DRL 算法、基于策略的 DRL 算法和基于演员-评论家的 DRL 算法。智能体决策机制的设计与 DRL 算法密切相关。

（1）基于值函数的设计　值函数分为两类，即状态值函数 $V_\pi(s_t)$ 和动作值函数 $Q_\pi(s_t, a_t)$，其含义是决策路径 τ 通过某一状态 s_t 或状态-动作对 (s_t, a_t) 所能获得的累积回报 $R(\tau)$ 的期望。状态值函数 $V_\pi(s_t)$ 能够用于状态比较，而动作值函数 $Q_\pi(s_t, a_t)$ 能够用于同一状态 s_t 下各个动作的比较。基于值函数的决策机制包括两个部分，一部分是随机策略函数（常用 ε-greedy 策略），另一部分是状态值函数 $V_\pi(s_t)$ 或动作值函数 $Q_\pi(s_t, a_t)$。ε-greedy 策略以概率 $1-\varepsilon$ 选择值函数取值最大的动作，而以概率 ε 随机选择一个动作。可见，ε 值越大，算法越倾向于探索未知状态；而 ε 值越小，算法越倾向于利用已知的最优状态。利用神经网络拟合值函数，并交替进行值函数神经网络的训练与 ε 值的调减，最终会获得优化的策略。

（2）基于策略的设计　该模式直接采用神经网络拟合策略函数，并以最大化期望累积回报 $R(\tau)$ 为目标来优化神经网络参数，从而获得优化的策略。

（3）基于演员-评论家的设计　该模式可以看作是以上两种模式的综合，其采用两种神经网络分别拟合策略函数和值函数，并对这两种网络进行交替优化，最终获得优化的策略。

（4）设计模式比较　三种设计模式的对比见表 2-2。其中，基于值函数的设计和基于演员-评论家的设计都包括两个部分，即策略和值函数，区别在于基于值函数的设计常采用随机策略，而基于演员-评论家的设计采用神经网络拟合策略函数。基于策略的设计和基于演员-评论家的设计都采用神经网络拟合策略函数，但它们的训练方式不同：基于策略的设计以实际采样到的决策路径 τ 及其累积回报 $R(\tau)$ 为目标进行策略函数的优化；而基于演员-评论家的设计利用采样数据优化值函数，并以值函数的输出为目标优化策略函数。

2. 中间调度方案设计

基于 DRL 的生产调度是一个完善或优化中间调度方案的过程，在满足调度结束条件时，中间调度方案将转变为可以交付的可行调度方案。目前，中间调度方案主要有两种设计模式，即半解模式和整解模式。

（1）半解模式　在这种设计模式中，DRL 依次确定工序序列上每个位置的工序。如图 2-3a 所示，在第一个决策步骤中选择一个工序，在第二步中选择另一个

表 2-2 DRL 算法的比较

	基于值函数	基于策略	基于演员-评论家
结构	$\xrightarrow{s_i}$ $\boxed{\begin{array}{c}Q_\pi\\(\mathrm{DNN}_\alpha)\end{array}}$ $\xrightarrow{r_i}$ $\boxed{\begin{array}{c}\pi_\theta\\(\varepsilon\text{-greedy})\end{array}}$ $\xrightarrow{a}$	$\xrightarrow{s_t}$ $\boxed{\begin{array}{c}\pi_\theta\\(\mathrm{DNN}_\theta)\end{array}}$ $\xrightarrow{a_t}$	$\xrightarrow{s_t}$ $\boxed{\begin{array}{c}\pi_\theta\\(\mathrm{DNN}_\theta)\end{array}}$ $\xrightarrow{a_t}$ $\boxed{\begin{array}{c}Q_\pi\\(\mathrm{DNN}_\alpha)\end{array}}$ $\xrightarrow{r_t}$
策略	随机策略+值函数神经网络	策略函数神经网络	策略函数神经网络+值函数神经网络
策略学习方式	隐式学习	显式学习	显式学习
经典算法	DQN	PPO	A2C；DDPG；A3C
适用问题	离散问题	离散问题	离散/连续问题

工序，以此类推。因此共需要 $|O|$ 次循环才能得到一个完整的可行调度方案。目前，半解模式被大多数研究所采用，如无特别说明，则状态设计、动作设计、回报设计都只针对该模式进行阐述。

（2）**整解模式** 如图 2-3b 所示，在这种设计模式中，首先利用随机初始化方法[7] 或其他调度方法（如元启发式算法[8] 或基于启发式规则的调度方法[9]）生成一个可行的初始中间调度方案。然后，DRL 的每一次循环都对上一次循环得到的中间调度方案执行某种操作，从而形成一个新的中间调度方案，且每一个中间调度方案都是完整的可行调度方案。Palombarini 等人[7] 针对动态重调度问题，随机生成初始甘特图，然后利用 DRL 选择修复规则，并根据规则修改甘特图上工序的位置、开始处理时间；Magalhães 等人[10] 利用元启发式算法生成初始工序序列，然后，在每次循环中，利用 DRL 选择一个工序并改变其在工序序列上的位置，从而优化中间调度方案。

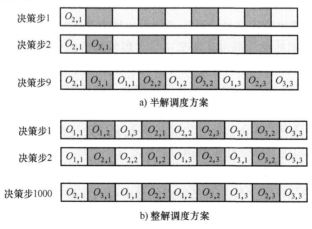

a) 半解调度方案

b) 整解调度方案

图 2-3 中间调度方案的设计模式

（3）**设计模式比较** 基于半解模式的 DRL 调度是具有一定周期数的回合型任

务,而基于整解模式的 DRL 调度属于连续型任务,循环次数由人的经验或测试结果决定。在基于半解模式的 DRL 调度中,中间调度方案不完整,所以无法精确确定其性能指标,增加了回报函数的设计难度;而整解模式的中间调度方案是完整的可行调度方案,从而为回报函数的设计提供了便利。此外,由于遗传算法、模拟退火算法、分布估计算法等生产调度方法处理的对象也是整解中间调度方案,所以这些调度方法容易与基于整解模式的 DRL 调度方法相结合[11]。

3. 状态设计

原则上,MDP 要求当前的状态足以反映环境的全部变化。虽然这一要求不必严格满足,但状态设计会极大地影响决策质量。目前,主要有 3 种状态设计模式,即基于多通道矩阵的状态设计、基于统计指标的状态设计以及基于图的状态设计。

(1) 基于多通道矩阵的状态设计　如图 2-4a 所示,该模式采用若干个矩阵,分类存储与 TSS 相关的动态信息,这些信息主要描述了工序状态和机器状态。多通道矩阵与图像的 RGB 颜色通道类似,可利用卷积神经网络挖掘状态的深层特征表示[12,13]。Han 等人[14] 采用三个通道矩阵分别记录工序加工时间、当前时间步的工序调度结果以及机器利用率信息,矩阵的高度和宽度分别对应于工件数和机器数。

(2) 基于统计指标的状态设计　该模式基于生产工件与机器的静动态属性设计一组统计指标,用来表征 TSS 的状态[15-18]。统计指标大致分为 3 类:

1) 总量指标:反映在一定时间内调度环境中工件、机器等各生产要素的总量状况,其中机器总数量、工件总数量、总加工时间、交货期等指标可反映调度问题的初始总体规模;而已完工工件数量、工件剩余未处理工序数、工件剩余处理时间、工件延迟时间、机器累计负荷等时点指标,以绝对数形式统计当前调度环境的工时、负荷分布等情况。

2) 相对指标:如工件完成率、工件延迟率、总机器利用率等,这些指标随着调度的进行不断变化,以百分比的形式反映调度的进展。

3) 平均指标:如工件剩余工序平均处理时间、平均工序完成率、平均机器利用率等,这些指标有助于平衡调度问题规模对动态指标的影响。

统计指标和多通道矩阵可以联合使用,例如 Luo 等人[19] 利用统计指标描述状态的数值信息,而利用多通道矩阵描述各生产资源的约束关系。

(3) 基于图的状态设计　如图 2-4b 所示,基于整解模式的 DRL 调度模型可采用甘特图表征状态[20],而基于半解模式的 DRL 调度模型常用析取图或析取图的变形表征状态。该模式常结合图神经网络(Graph Neural Network,GNN)、注意力机制等图学习方法提取节点特征和图特征,以此作为状态的深层特征表示[21,22]。Hameed 等人[23] 认为与多层感知机相比,GNN 在状态深层特征的提取方面能够提供更好的隐式归纳偏置,使得 DRL 算法更适用于复杂的调度问题。

(4) 设计模式比较　基于多通道矩阵的状态设计,信息分类直观,计算方法

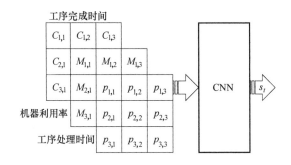

a) 基于矩阵的状态表示和处理

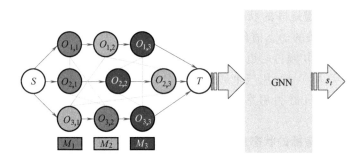

b) 基于图的状态表示和处理

图 2-4　DRL 状态的设计模式图

简单，但是信息类型有限，难以充分描述复杂调度问题的状态。另外，矩阵大小与调度问题的规模有关，从而导致训练好的 DRL 调度模型难以泛化到不同规模的调度问题上。

基于统计指标的状态设计，指标含义明确，求解速度快，且相比于基于多通道矩阵的状态设计，其有可能充分描述复杂调度问题的状态，但同时也可能出现指标选取过多，造成信息冗余和计算资源浪费的问题。另外，不同的调度问题对同一指标的敏感度可能不同，所以需要的指标类型和数量也不尽相同，从而削弱了 DRL 调度模型的泛化能力。遗憾的是，目前可靠的指标选取方法尚鲜有报道，所以指标的选取方式多以经验和直觉为主。

基于图的状态设计，相比于基于统计指标的状态设计，能够有效避免指标选取的困难，可以充分恰当地提取状态信息，有利于 DRL 算法的泛化。但是，该模式也面临两方面的挑战：一是常用的析取图表达能力有限，尚难以表征柔性作业车间调度问题等复杂调度问题，所以需要构造新的图式；二是采用图神经网络在训练阶段需要更大量的计算资源和时间。

4. 动作设计

动作的作用是更新 TSS，在半解模式中，执行一个动作会确定一个新的工序在工序序列上的位置；在整解模式中，执行一个动作会形成一个新的 TSS。目前，动作设计主要有 4 种模式，即基于规则的动作设计、基于工序的动作设计、基于属性的动作设计以及基于图的动作设计。

（1）基于规则的动作设计　在这个模式中（见图 2-5a），策略输出状态下每个规则的概率为

$$[p(Rule_1),p(Rule_2),\cdots)]=\pi_\theta(s_t) \tag{2-8}$$

式中，$\sum\limits_{l=1} p(Rule_l)=1$。因此，概率最大的规则将被选择为该状态下所要执行的动作。在动作执行之后，将选择一个工序，规则数量与工序、工件或机器数量无关。对于半解调度方案，规则可包含传统的启发式规则，如最短处理时间（Shortest Processing Time，SPT）优先等[24,25]，也可以是针对具体问题设计的复合调度规则[26,27]。而借鉴遗传算法的交叉、变异等操作可以对整解调度方案进行更新。

（2）基于工序的动作设计　在这个模式中（见图 2-5b），策略输出状态下每个工序的概率为

$$[p(O_{1,1}),p(O_{1,2}),\cdots,p(O_{1n_1}),\cdots,p(O_{|\mathcal{J}|n_{|\mathcal{J}|}})]=\pi_\theta(s_t) \tag{2-9}$$

式中，$\sum\limits_{i=1}^{|\mathcal{J}|}\sum\limits_{j=1}^{n_i} p(O_{i,j})=1$。该模式的动作空间有两种构建方式，其中全工序构建方式将所有工序纳入动作空间[28,29]，动作的数量等于工序的数量，具有最大概率的工序将被选择为该状态 s_t 的动作。

应该注意的是，在任一决策步中，每个工件只有第一个未调度的工序可以是候选动作。基于这一特性，能够实现全工序构建方式的变体，即部分工序构建方式[30,31]，也就是只选择可行的工序作为输出。因此，部分工序构建方式中动作集不能大于工件数。这是因为只有未完成的工件有未调度的工序，而每个未完成的工件只提供一个候选工序，即它的第一个未调度的工序。

（3）基于属性的动作设计　在这个模式中（见图 2-5c），选择一些属性来描述工序，并且每个工序都有一组确定的属性值。策略输出状态下每个属性的预测值为

$$[value(Attr_1),value(Attr_2),\cdots]=\pi_\theta(s_t) \tag{2-10}$$

式中，$value(Attr_i)$ 表示 $Attr_i$ 的输出值。然后，计算工序值集与预测值集之间的距离。这样，值集最接近预测值集的工序将被选择为状态的动作。属性一般具有连续的取值范围[32,33]，属性的数量与工序、工件或机器的数量无关。

（4）基于图的动作设计　在该模式中（见图 2-5d），每个工序的属性都以图的形式（如析取图）结构化，并使用图学习方法（如 GNN）提取它们的值。接下来，策略为状态-工序对输出给定工序的概率[34-37]

$$p(O_{i,j})=\pi_\theta[s_t,attr\_value(O_{i,j})],i=1,\cdots,n,j=n_i \tag{2-11}$$

式中，$attr\_value(O_{i,j})$ 是工序 $O_{i,j}$ 的属性值。

（5）设计模式比较　基于工序的动作模式是比较原始的做法，而基于规则和

属性的动作模式具有明确的语义，有助于提高 DRL 决策过程的可解释性。然而，规则和属性在大多数情况下是基于经验知识选择的，因此，设计一组具有较强优化能力和广泛适应各种调度问题的规则或属性仍然是一个挑战。基于图的动作设计模式使用 GNN 根据最初定义的属性和图提取工序特征，减小了属性选择的主观性。

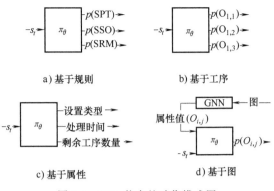

图 2-5　DRL 状态的动作模式图

a) 基于规则　　b) 基于工序

c) 基于属性　　d) 基于图

在基于规则和基于属性的动作设计模式中，应该以基于获胜的规则或预测属性值集选择工序的方式映射到动作。相反，基于工序和基于图的动作模式直接输出工序的概率，因此，能够以更简单的方式选择工序。

基于规则的、基于属性的和基于图的动作设计都与调度问题的规模无关，这有助于泛化能力的提高。相反，基于工序的动作设计与工件或工序的数量密切相关。为了克服这个问题，文献中经常采用递归神经网络（Recurrent Neural Network，RNN）[38,39]。然而，在基于工序的动作设计中，状态被映射到工序序号。因此，编码方法将影响调度性能，这是影响泛化能力的另一个因素。

5. 回报设计

在 DRL 中，回报是一个标量，可以是正、负或零，反映在当前状态下执行的动作的瞬时影响。它必须与调度问题的优化目标相关，且应该能够使累积回报最大化对应于目标最优化。目前，有 3 种主要的回报设计模式，即基于过程值、基于结果值和基于离散值。

（1）过程值回报　该模式适用于基于半解模式的 DRL 调度。由于 TSS 不是完整的可行调度方案，在最后的决策步前无法获悉优化目标的实际值。因此，如果依赖于实际优化目标值[40,41]，那么基于半解模式的 DRL 调度会导致回报稀疏问题，进而造成算法收敛困难。为了克服这个问题，通过估计的优化目标值来为每一个决策步产生瞬时回报。

Zhang 等人[37] 以最大完工时间为优化目标，提出了一种计算工序 $O_{i,j}$ 完成时间下限 $C_{LB}(O_{i,j}, s_t)$ 的计算方法。假设工件 J_i 的前 j 个工序已完成调度，剩余 $n_i - j$ 个工序尚未完成调度。对于已完成调度的工序 $O_{i,k}$，其 $C_{LB}(O_{i,k}, s_t)$ 等于由调度方案解码所确定的完成时间；而对于未完成调度的工序 $O_{i,k+1}$，其 $C_{LB}(O_{i,k+1}, s_t)$ 为前一个工序的 $C_{LB}(O_{i,k}, s_t)$ 加上工序 $O_{i,k+1}$ 所需处理时间 $p_{i,k+1}$，如下：

$$C_{LB}(O_{i,k+1}, s_t) = C_{LB}(O_{i,k}, s_t) + p_{i,k+1}, k=j, \cdots, n_i-1 \tag{2-12}$$

那么状态 s_t 下，中间调度方案最大完工时间下限如下：

$$C_{\max}^{LB}(s_t) = \max_i C_{LB}(O_{i,n_i}, s_t) \tag{2-13}$$

式中，一个工件 J_i 的最大完工时间等于其最后一个操作的完工时间，而一个调度任务的最大完工时间等于完工时间最大的工件的完工时间。所以，状态 s_t 下获得的瞬时回报 r_t 定义为

$$r_t = C_{\max}^{LB}(s_t) - C_{\max}^{LB}(s_{t+1}), t = 1, \cdots, T-1 \tag{2-14}$$

则累积回报 $R(\tau)$ 可由式（2-14）得到

$$R(\tau) = C_{\max}^{LB}(s_1) - C_{\max}^{LB}(s_T) = C_{\max}^{LB}(s_1) - C_{\max} \tag{2-15}$$

式中，$C_{\max}^{LB}(s_1)$ 对应初始状态 s_1 的完工时间下限，此时还未开始调度，所以该值仅与调度任务初始设置有关，而与调度进度无关，可视为一个常量；$C_{\max}^{LB}(s_T)$ 对应的是调度完成时的最大完工时间，也就是调度任务的最大完工时间 $C_{\max}$。因此，最大化 $R(\tau)$ 的效果就是使 $C_{\max}$ 最小，与调度的优化目标一致。

（2）结果值回报 该设计模式直接利用调度方案的实际优化目标值设计回报，根据优化目标值的变化幅度决定回报的大小。以最小化最大完工时间为例，对于整解模式的中间调度方案，DRL 每一步输出的都是完整的可行调度方案，所以能够精准确定最大完工时间，记为 $C_{\max}(t)$，因此可将瞬时回报 r_t 定义为前后两个中间调度方案的最大完工时间之差，如下：

$$r_t = C_{\max}(t) - C_{\max}(t+1), t = 1, \cdots, T-1 \tag{2-16}$$

式（2-16）表明，相比于 t 时刻，若 $t+1$ 时刻的最大完工时间变小，则获得奖励；否则将受到惩罚。

Ni 等人[20] 提出式（2-16）所示计算方法可能过于短视，无法反映其对 $C_{\max}$ 变化的长期积极效果，进而提出了一种回报重塑方法，如图 2-6 所示。

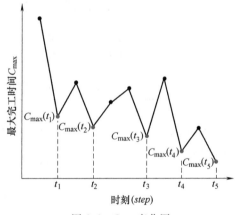

图 2-6 $C_{\max}$ 变化图

可见，在训练过程中，$C_{\max}$ 往往不是单调变化的，而是波动的。回报重塑方法首先确定 $C_{\max}$ 曲线上一组具有严格单调递减关系的极小值点

$$[(t_1, C_{\max}(t_1)), (t_2, C_{\max}(t_2)), \cdots, (t_n, C_{\max}(t_n))]$$

满足

$$t_1 < \cdots < t_n \text{ 且 } C_{\max}(t_1) < C_{\max}(t_2) < \cdots < C_{\max}(t_n)$$

则瞬时回报 r_t 定义如下：

$$r_t = \frac{C_{\max}(t_p) - C_{\max}(t_{p+1})}{t_{p+1} - t_p}, t_{p-1} < t \leq t_p, p = 0, \cdots, n \tag{2-17}$$

则累积回报 $R(\tau)$ 可由式（2-17）得到

$$R(\tau) = C_{max}(1) - C_{max}(T-1) \qquad (2-18)$$

式中，$C_{max}(1)$ 与 $C_{max}(T-1)$ 分别表示执行第一个动作和最后一个动作后中间调度方案的 C_{max}。因此，最大化 $R(\tau)$ 的效果就是希望随着执行次数的增加，逐渐减小中间调度方案的 C_{max}，与调度的优化目标一致。

（3）离散值回报 在该设计模式中，回报值范围是一组离散值。因此，这些离散值到优化目标的映射规则是回报设计的核心。通常，需考虑目标变化的方向和幅度。Luo[42] 基于延迟率和机器利用率等两个性能指标计算回报值，+1、-1 或 0 是基于这两个指标的值组合给出的。

（4）设计模式比较 基于过程值和结果值的回报与优化目标直接紧密关联。因此，累积回报可以用来评估回报设计是否合理。如果最大化累积回报对应于最优化调度目标，则回报函数是合理的。另一方面，基于离散值的回报与优化目标耦合较松，因为它只使用少数离散值来编码优化目标的变化。所以，基于离散值的回报是一种粗粒度的设计模式。然而，它适用于基于半解和整解模式的 DRL 调度。相反，基于过程值和结果值的回报分别适用于基于半解模式和基于整解模式的 DRL 调度。

2.2.3 DRL 设计模式的统计分析

到目前为止，确定了 3 种智能体决策机制设计模式、2 种 TSS 设计模式、3 种状态设计模式、4 种动作设计模式和 3 种回报设计模式，见表2-3。

表2-3 DRL 调度模型的设计模式总结

要　　素	设　计　模　式			
智能体决策机制	基于值	基于策略	基于演员-评论家	
中间调度方案	半解	整解		
状态	基于矩阵	基于统计指标	基于图	
动作	基于规则	基于工序	基于属性	基于图
回报	基于过程值	基于结果值	基于离散值	

根据数学组合规律，这些模式共能形成 216 种不同的组合。然而，其中一些并不适用。表2-4 展示了部分参考文献中使用的设计模式，反映了每种设计模式和模式组合的流行程度。

表2-4 参考文献中的 DRL 设计模式

参考文献	智能体决策机制	中间调度方案	状态	动作	回报
[7]	基于策略	整解	基于图	基于规则	基于结果值
[8]	基于值	整解	基于统计指标	基于规则	基于结果值

（续）

参考文献	智能体决策机制	中间调度方案	状态	动作	回报
［9］	演员-评论家	整解	基于图	基于规则	基于结果值
［10］	基于值	整解	基于统计指标	基于工序	基于离散值
［11］	基于值	整解	基于统计指标	基于规则	基于离散值
［12］	演员-评论家	半解	基于矩阵	基于规则	基于过程值
［13］	基于策略	半解	基于矩阵	基于工序	基于过程值
［14］	基于值	半解	基于矩阵	基于规则	基于过程值
［15］	基于值	半解	基于统计指标	基于规则	基于过程值
［16］	基于策略	半解	基于统计指标	基于工序	基于结果值
［17］	基于值	半解	基于统计指标	基于规则	基于离散值
［18］	基于值	半解	基于统计指标	基于规则	基于过程值
［19］	基于策略	半解	基于统计指标	基于工序	基于过程值
［20］	基于策略	整解	基于图	基于规则	基于结果值
［21］	基于值	半解	基于图	基于图	基于结果值
［22］	基于值	半解	基于图	基于规则	基于过程值
［23］	演员-评论家	半解	基于图	基于图	基于过程值
［24］	基于值	半解	基于统计指标	基于规则	基于过程值
［25］	基于值	半解	基于统计指标	基于规则	基于过程值
［26］	基于值	半解	基于统计指标	基于规则	基于过程值
［27］	基于策略	半解	基于统计指标	基于规则	基于离散值
［28］	基于值	半解	基于统计指标	基于工序	基于过程值
［29］	基于值	半解	基于统计指标	基于工序	基于过程值
［30］	基于策略	半解	基于统计指标	基于工序	基于过程值
［31］	基于值	半解	基于统计指标	基于工序	基于过程值
［32］	演员-评论家	半解	基于统计指标	基于属性	基于过程值
［33］	演员-评论家	半解	基于统计指标	基于属性	基于结果值
［34］	基于策略	半解	基于图	基于图	基于结果值
［35］	基于策略	半解	基于图	基于图	基于过程值
［36］	基于策略	半解	基于图	基于图	基于过程值
［37］	基于策略	半解	基于图	基于图	基于过程值
［38］	基于策略	半解	基于统计指标	基于工序	基于过程值

（续）

参考文献	智能体决策机制	中间调度方案	状态	动作	回报
［39］	演员-评论家	半解	基于统计指标	基于工序	基于结果值
［40］	基于策略	半解	基于统计指标	基于工序	基于结果值
［41］	基于策略	半解	基于统计指标	基于工序	基于过程值
［42］	基于值	半解	基于统计指标	基于规则	基于离散值

1. 单一模式统计分析

图 2-7 总结了表 2-4 中每种设计模式出现的次数。基于值的设计是智能体决策机制中最流行的一种。在 TSS 方面，大多数研究采用半解模式设计。因此，基于过程值的回报的使用比例更大。至于状态，基于统计的设计是最普遍的，而基于规则和基于工序的设计是最常见的动作设计模式。

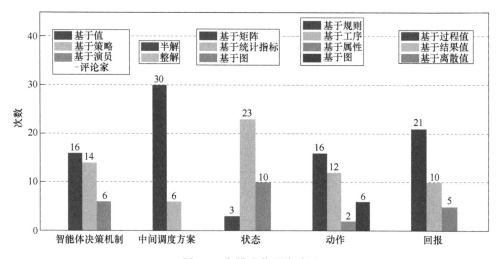

图 2-7　各模式数量统计图

2. 模式全组合统计分析

表 2-4 中的 36 篇文献只涉及了 22 种模式组合，各个模式组合所占的比重如图 2-8 所示。

1）FPC1：基于值的决策机制，半解调度方案设计、基于统计指标的状态设计、基于规则的动作设计和基于过程值的回报设计；

2）FPC2：基于策略的决策机制，半解调度方案设计、基于统计指标的状态设计、基于工序的动作设计和基于过程值的回报设计；

3）FPC3：基于值的决策机制，半解调度方案设计、基于统计指标的状态设计、基于工序的动作设计和基于过程值的回报设计；

4）FPC4：基于策略的决策机制，半解调度方案设计、基于图的状态设计、基于图的动作设计、基于过程值的回报设计。

其余 18 种模式组合共计约占 58.4%，每种方法只在某一两个研究中被采用。

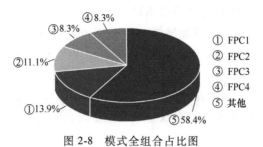

① FPC1
② FPC2
③ FPC3
④ FPC4
⑤ 其他

④ 8.3%
③ 8.3%
② 11.1%
① 13.9%
⑤ 58.4%

图 2-8　模式全组合占比图

2.3　基于深度强化学习的碳排放敏感柔性作业车间调度

生产调度是组合优化问题的一个子问题，通过将工件合理地安排到机器上进行加工来优化一个或多个调度目标。生产调度问题可分为多种类型，如作业车间调度问题（JSSP）规定一个工件只能由一台机器处理，而柔性作业车间调度问题（Flexible Job-Shop Scheduling Problem，FJSP）允许多个候选机器处理一个工件。所优化的调度目标通常与生产经济效益相关，包括最大完工时间、延迟时间和机器利用率。近年来，随着环境问题的持续恶化，如污染和气候变化，人们的环保意识越来越强。环境指标，特别是能耗和碳排放，在生产调度中越来越受到关注。因此，基于对经济效益和环境效应的同时考虑，FJSP 被描述为一个多目标优化问题。

许多研究已经利用 DRL 的泛化能力来解决不同规模的生产调度问题。然而，这些研究集中在单目标 JSSP 或流水车间调度问题（Flow-Shop Scheduling Problem，FSSP），而多目标 FJSP 却很少涉及。此外，在少数基于 DRL 的多目标 FJSP 的研究中，考虑了环境目标的研究也甚少。因此，基于 DRL 的 FJSP 求解方法仍处于起步研究阶段。

综上所述，与 JSSP 相比，现有的基于 DRL 的 FJSP 求解方法受到的关注较少。此外，大多数研究倾向于对单一或多个经济目标进行优化，而很少考虑对环境目标的优化。尽管一些研究试图使总能耗或电力成本最小化，但并没有明确考虑碳排放的最小化。虽然已有少数研究将 DRL 模型与元启发式算法相结合来解决多目标 FJSP，然而在这些研究中，DRL 模型是作为一种辅助工具来提高元启发式算法的搜索效率。为了解决上述的技术限制，提出了一种基于 DRL 的调度方法来解决 FJSP，以使最大完工时间和总碳排放量最小。本研究的主要贡献如下：

1）将经典 FJSP 扩展为碳排放敏感的柔性作业车间调度问题（Carbon Emission Aware-FJSP，CEA-FJSP），根据生产过程中机器运行和冷却液处理的能耗制定碳排放核算模型。

2）开发了一个基于 DRL 的智能调度模型，不需要额外的搜索，可直接生成 CEA-FJSP 的可行调度方案。求解过程被建模为 MDP，包括通用的生产状态特征、基于调度规则的动作空间和复合回报函数。

3）调度策略由一个深度神经网络（Deep Neural Network，DNN）进行参数化，通过近端策略优化（Proximal Policy Optimization，PPO）算法来建立从状态到动作的映射。

4）在各种基准上的实验结果表明，所提出的 DRL 调度模型具有突出的优化和泛化能力。此外，所提出的模型在权重组合上呈现出非线性的优化效果。

2.3.1 问题建模

CEA-FJSP 的条件和约束的描述如下：CEA-FJSP 中包含了 n 个工件，这 n 个工件构成了一个工件集合 $\mathcal{J} = \{J_1, J_2, \cdots, J_n\}$，并由一个机器集合 $\mathcal{M} = \{M_1, M_2, \cdots, M_m\}$ 的 m 台机器进行加工。工件 J_i 由 n_i 个工序组成，O_{ij} 表示为工件 J_i 的第 j 个工序。属于同一工件 J_i 的所有工序必须按特定的顺序进行加工，即 $O_{i1} \rightarrow O_{i2} \cdots \rightarrow O_{in_i}$。每一个工序 O_{ij} 可以由一台或者多台机器进行加工，这些机器形成一个特定于工序 O_{ij} 的候选机器集 $\mathcal{M}_{ij} \subseteq \mathcal{M}$。机器 $M_k \in \mathcal{M}_{ij}$ 加工工序 O_{ij} 所需的时间和功率分别表示为 t_{ijk} 和 p_{ijk}。机器 M_k 在加工过程中需要冷却液，在空闲状态下以恒定的低功率保持运行。CEA-FJSP 的调度目标是通过确定每个工序 O_{ij} 的加工机器 M_k、开始加工时间 S_{ij} 和完工时间 $C_{ij} = S_{ij} + t_{ijk}$，获得最大完工时间最小和碳排放量最小的最优调度方案。此外，CEA-FJSP 还应满足以下的约束条件和假设：

1）同一工件的所有工序应按照预设的优先级进行加工；

2）一台机器在同一时刻只能处理一个工序；

3）工序的加工过程不能被中断；

4）在工序加工过程中，机器的加工功率保持恒定；

5）在调度开始时刻，所有机器开启；

6）不考虑工件的运输时间和机器的设置时间。

基于上面的描述，首先建立了碳排放核算模型，确定了碳排放的主要来源和具体计算方法。然后，建立了 CEA-FJSP 的数学模型。表 2-5 列出了模型中符号的说明。

表 2-5　CEA-FJSP 中的符号说明

符　　号	说　　明
i, i'	工件序号，$i, i' = 1, 2, \cdots, n$
j, j'	工序序号，$j, j' = 1, 2, \cdots, n_i$
k	机器序号，$k = 1, 2, \cdots, m$
n	总工件数量

（续）

符　号	说　明
m	总机器数量
$\mathcal{J}$	工件集合
$\mathcal{M}$	机器集合
$\mathcal{M}_{ij}$	工序 O_{ij} 的候选机器集
J_i	第 i 个工件
O_{ij}	工件 J_i 的第 j 个工序
M_k	第 k 台机器
n_i	工件 J_i 的工序数量
t_{ijk}	机器 M_k 加工工序 O_{ij} 所需的时间
S_{ij}	工序 O_{ij} 的开始加工时间
C_{ij}	工序 O_{ij} 的完成加工时间
t_k^{idle}	机器 M_k 的空闲时间
p_{ijk}	机器 M_k 加工工序 O_{ij} 所需的功率
p_k^{idle}	机器 M_k 的空闲功率
T_k	机器 M_k 的冷却液更换周期
L_k	机器 M_k 的冷却液的周期最大使用量
α_e	电能耗的碳排放因子
α_f	冷却剂能耗的碳排放因子
CE_p	机器在加工状态下电能耗产生的碳排放量
CE_r	机器在空闲状态下电能耗产生的碳排放量
CE_f	处理冷却液的能耗所产生的碳排放量
TCE	总碳排放量
C_{max}	最大完工时间
x_{ijk}	一个二进制变量,如果 O_{ij} 分配给机器 M_k,则该变量等于 1,否则为 0
$y_{iji'j',k}$	一个二进制变量,如果 O_{ij} 是机器 M_k 上 $O_{i'j'}$ 的前一个工序,则该变量为 1,否则为 0

1. 碳排放核算模型

各种制造环节会直接或间接地产生碳排放,如原材料消耗、机器运行、运输和金属碎片处理。本节将机器运行的电消耗和处理冷却液的能耗确定为 CEA-FJSP 的主要碳排放源。

（1）机器运行的碳排放　一般来说,机器在一个工作循环中要经历 5 种工作模式,即起动、预热、加工、空闲和停止。每种模式都需要不同的功率,如图 2-9 所示。起动、预热和停止模式在一个循环中只出现一次,这些模式的能耗只与机器特性有关,与调度过程无关。相比之下,加工模式和空闲模式往往交替出现多次。

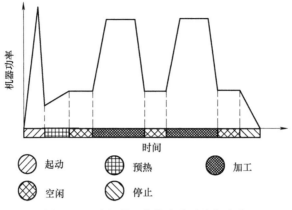

图 2-9　5 种机器工作模式中功率的变化

因此，调度时只考虑加工模式和空闲模式下的碳排放。

在加工模式下，碳排放量 CE_p 的计算为

$$CE_p = \alpha_e W_p \tag{2-19}$$

式中，W_p 为所有机器在加工模式下总电能耗，表示为

$$W_p = \sum_{k=1}^{m} \sum_{i=1}^{n} \sum_{j=1}^{n_i} x_{ijk} p_{ijk} t_{ijk} \tag{2-20}$$

在空闲模式下，碳排放量 CE_r 的计算为

$$CE_r = \alpha_e W_r \tag{2-21}$$

式中，W_r 为所有机器在空闲模式下总电能耗，表示为

$$W_r = \sum_{k=1}^{m} p_k^{idle} t_k^{idle} \tag{2-22}$$

（2）冷却液处理的碳排放　冷却液用于降低切削温度和减小刀具的磨损，防止工件受热变形。冷却液需要定期更换，它的处理过程会消耗能源，从而间接产生碳排放。为了简化计算，假设同一台机器加工任一工序，冷却液流量保持不变。因此，冷却液处理产生的碳排放量 CE_f 的计算为

$$CE_f = \alpha_f \sum_{k=1}^{m} \sum_{i=1}^{n} \sum_{j=1}^{n_i} x_{ijk} \frac{t_{ijk}}{T_k} L_k \tag{2-23}$$

（3）碳排放总量　调度过程的总碳排放量 TCE 合计为

$$TCE = CE_p + CE_r + CE_f$$
$$= \alpha_e \sum_{k=1}^{m} \sum_{i=1}^{n} \sum_{j=1}^{n_i} x_{ijk} p_{ijk} t_{ijk} + \alpha_e \sum_{k=1}^{m} p_k^{idle} t_k^{idle} + \alpha_f \sum_{k=1}^{m} \sum_{i=1}^{n} \sum_{j=1}^{n_i} x_{ijk} \frac{t_{ijk}}{T_k} L_k \tag{2-24}$$

2. CEA-FJSP 的数学建模

CEA-FJSP 是一个同时考虑经济效益和环境效益的多目标优化问题。调度目标是同时最小化 $C_{max} = \max\{C_{in_i} \mid i = 1, 2, \cdots, n\}$ 和 TCE。因此，CEA-FJSP 的数

学模型可以表述为

$$\min f = \min\{w_1 C_{\max} + w_2 TCE\} \tag{2-25}$$

$$
约束条件
\begin{cases}
C_{\max} \geqslant C_{ijk}, \forall\, i,j,k & (\text{a})\\
C_{ij} = S_{ij} + t_{ijk}, S_{ij} \geqslant 0, \forall\, i,j,k & (\text{b})\\
\sum\limits_{M_k \in \mathcal{M}_{ij}} x_{ijk} = 1, \forall\, i,j & (\text{c})\\
S_{i,j+1} \geqslant C_{ij}, \forall\, i,j & (\text{d})\\
C_{i'j'} - C_{ij} \geqslant t_{i'j'k}, y_{iji'j',k} = 1 & (\text{e})
\end{cases}
\tag{2-26}
$$

式（2-25）表明目标函数使 $C_{\max}$ 和 TCE 的加权和最小化，并将多目标优化问题转换为单目标优化问题，其中，w_1 和 w_2 分别为目标对应的权值。式（2-26）描述了5个约束条件，其中，约束（a）描述了最大完工时间与工序完工时间之间的关系；约束（b）确保工序完工时间等于开始加工时间和加工时间之和；约束（c）确定一个工序只能分配给一台机器并由其进行加工；约束（d）保证了同一工件工序之间的优先级约束；约束（e）表明机器同一时刻只能加工一个工序。

2.3.2　深度强化学习调度建模

本节提出了一个用于求解 CEA-FJSP 的 DRL 调度模型。图2-10展示了 DRL 调度模型的框架。调度环境是基于 2.3.1 节所描述的假设和约束条件初始化的 CEA-FJSP 的一个调度实例。调度智能体嵌入了一个由 DNN 参数化并由 DRL 算法训练的调度策略。调度智能体会与调度环境反复交互，在每次交互中，调度智能体根据调度环境中提供的信息，选择一个工序并将其分配给机器。

所确定的工序在一个临时调度方案中排序。临时调度方案是一个描述工序加工优先级的序列。在确定所有工序加工顺序后，临时调度方案转化为一个完整可行的调度方案。因此，CEA-FJSP 的调度过程是一个由状态、动作和回报组成的 MDP。最后，使用 DRL 算法对 MDP 进行优化，得到 DRL 调度模型。

1. MDP 建模

MDP 主要由3部分组成，即状态、动作和回报。MDP 的一个完整决策过程被称为一个回合。在 CEA-FJSP 中，一个回合包含了 $T = \sum\limits_{i=1}^{n} n_i$ 个决策步，一个决策步对应于一次交互。在决策步 t 中，调度智能体感知调度环境的状态 s_t 后，将状态特征输入调度策略，并选择一个动作 a_t。执行动作 a_t 后，一个未调度的工序被选择并被分配到一台候选的机器上完成调度。随后，调度环境输出回报 r_t，以反映调度目标的变化，以及更新状态 s_{t+1}，为下一次交互做准备。

（1）状态表示　状态是决策的基础，应提供充分的关于调度环境的信息。在决策步 t 中，工件 J_i 中已完成调度的工序数量表示为 $SO_i(t)$。调度实例中所有工

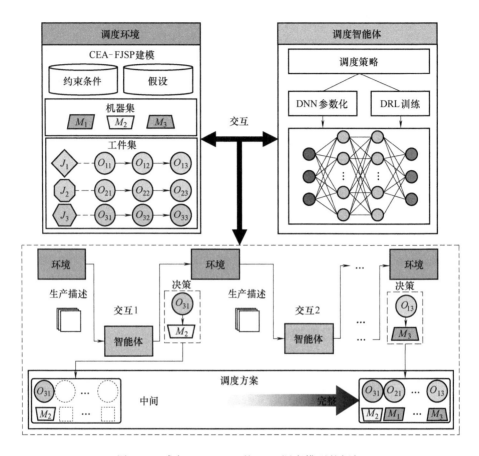

图 2-10 求解 CEA-FJSP 的 DRL 调度模型的框架

件的工序被分为两个子集，即 $O^S(t) = \{O_{ij} | 1 \leqslant i \leqslant n, 1 \leqslant j \leqslant SO_i(t)\}$ 和 $O^{US}(t) = \{O_{ij} | 1 \leqslant i \leqslant n, SO_i(t) < j \leqslant n_i\}$。在子集 $O^S(t)$ 中可确定已完成调度的工序的完工时间 C_{ij}，而在子集 $O^{US}(t)$ 中可计算出未调度工序的平均加工时间 $\bar{t}_{ij} = \underset{M_k \in \mathcal{M}_{ij}}{\mathrm{mean}}(t_{ijk})$ 和平均加工功率 $\bar{p}_{ij} = \underset{M_k \in \mathcal{M}_{ij}}{\mathrm{mean}}(p_{ijk})$。

采用基于统计指标的表示方法，利用工件和机器的动态属性来定义状态特征。表 2-6 列出了所提出的基于统计指标的状态特征。从表中可以看出，状态是一个由 10 个保持固定大小的特征组成的向量 $\{f_{t1}, f_{t2}, \cdots, f_{t10}\}$，可以避免大规模问题中的维度灾难。此外，状态特征的值在 [0, 1] 范围内，可加快训练过程，并可更好地泛化到不同配置的问题上。

（2）**动作空间** 动作用于更新调度环境，影响着调度方案的质量。在 CEA-FJSP 中，一个决策包含两个部分，即工序选择和机器分配。由于优先级约束，在每一个决策步中，一个工件最多有一个可行工序能被选择。因此，工序选择可被简

表 2-6　基于统计指标的状态特征

生产统计信息	索引	状态特征
工件的完成率（CRJ）： $CRJ = \left\{ \dfrac{SO_i(t)}{n_i} \mid J_i \in \mathcal{J} \right\}$	f_{t1}	$\mathrm{mean}(CRJ)$
	f_{t2}	$\mathrm{std}(CRJ)$
机器的机器利用率（MU）： $MU = \left\{ \dfrac{\sum\limits_{i=1}^{n} \sum\limits_{j=1}^{SO_i(t)} x_{ijk} t_{ijk}}{\max\left\{ C_{i,SO_i(t)} \mid i = 1,2,\cdots,n \right\}} \mid M_k \in \mathcal{M} \right\}$	f_{t3}	$\mathrm{mean}(MU)$
	f_{t4}	$\mathrm{std}(MU)$
机器当前产生的碳排放（MCE）： $MCE = \left\{ \alpha_e \left[\sum\limits_{i=1}^{n} \sum\limits_{j=1}^{SO_i(t)} \left(x_{ijk} p_{ijk} t_{ijk} + p_k^{idle} t_k^{idle} \right) \right] + \alpha_f \sum\limits_{i=1}^{n} \sum\limits_{j=1}^{SO_i(t)} x_{ijk} \dfrac{t_{ijk}}{T_k} L_k \mid M_k \in \mathcal{M} \right\}$	f_{t5}	$\dfrac{\mathrm{mean}(MCE)}{\max(MCE)}$
在机器上已加工的工序数（MN）： $MN = \left\{ \sum\limits_{i}^{n} \sum\limits_{j=1}^{SO_i(t)} x_{ijk} \mid M_k \in \mathcal{M} \right\}$	f_{t6}	$\dfrac{\mathrm{mean}(MN/MCE)}{\max(MN/MCE)}$
未完工工件的当前合法的工序的平均加工时间（CPT）：$CPT = \left\{ \bar{t}_{i,SO_i(t)+1} \mid O_{i,SO_i(t)+1} \in O^{US}(t), i=1,2,\cdots,n \right\}$	f_{t7}	$\dfrac{\min(CPT)}{\mathrm{mean}(CPT)}$
未完工工件的当前合法的工序的平均加工功率（CPP）：$CPP = \left\{ \bar{p}_{i,SO_i(t)+1} \mid O_{i,SO_i(t)+1} \in O^{US}(t), i=1,2,\cdots,n \right\}$	f_{t8}	$\dfrac{\min(CPP)}{\mathrm{mean}(CPP)}$
未完工工件的平均剩余加工时间（RPT）： $RPT = \left\{ \sum\limits_{j=SO_i(t)+1}^{n_i} \bar{t}_{ij} \mid O_{i,SO_i(t)+1} \in O^{US}(t), i=1,2,\cdots,n \right\}$	f_{t9}	$\dfrac{\mathrm{mean}(RPT)}{\max(RPT)}$
未完成作业的平均剩余处理能力（RPP）： $RPP = \left\{ \sum\limits_{j=SO_i(t)+1}^{n_i} \bar{p}_{ij} \mid O_{i,SO_i(t)+1} \in O^{US}(t), i=1,2,\cdots,n \right\}$	f_{t10}	$\dfrac{\mathrm{mean}(RPP)}{\max(RPP)}$

化为工件选择。如表 2-7 所示，本节采用了 6 条工件选择规则和 4 条机器分配规则，进而构造了 9 条调度规则 $\{SR_i \mid i=1,2,\cdots,9\}$：$SR_1 = \{\mathrm{JSPT, MMAXP}\}$，$SR_2 = \{\mathrm{JSPT, MMINU}\}$，$SR_3 = \{\mathrm{JLPT, MMAXP}\}$，$SR_4 = \{\mathrm{JLPT, MMINU}\}$，$SR_5 = \{\mathrm{JMOR, MMINP}\}$，$SR_6 = \{\mathrm{JECT, MMAXP}\}$，$SR_7 = \{\mathrm{JMINP, MMINU}\}$，$SR_8 = \{\mathrm{JMINP, MSPT}\}$，$SR_9 = \{\mathrm{JMAXP, MMINU}\}$。一条调度规则是一对工件选择规则和机器分配规则的组合。调度规则在 MDP 中被称为动作。因此，动作空间由 9 个元素组成。

表 2-7　工件选择和机器分配规则

分　　类	缩　　写	描　　述
工件选择规则	JSPT	选择加工时间最短的工件
	JLPT	选择加工时间最长的工件

（续）

分 类	缩 写	描 述
工件选择规则	JMOR	选择剩余工序数最多的工件
	JECT	选择完成时间最早的工件
	JMINP	选择所需加工功率最低的工件
	JMAXP	选择所需加工功率最大的作业
机器分配规则	MSPT	分配给加工时间最短的机器
	MMINP	分配给加工功率最低的机器
	MMAXP	分配加工功率最高的机器
	MMINU	分配给利用率最低的机器

（3）回报函数 如式（2-25）所示，最小化 C_{max} 和 TCE 是 CEA-FJSP 中所考虑的两个调度目标。但是，在调度结束时才能获取两个性能指标的具体数值，即 C_{max} 和 TCE 的实际值在每个回合中只能计算一次。因此，如果使用实际的最大完工时间和碳排放量作为回报，那么瞬时回报将相当稀疏，并导致 DRL 算法收敛困难。

因此，已调度的工序的完工时间和碳排放量可以用来确定回报

$$r_t^{CT} = CT(t) - CT(t+1) \tag{2-27}$$

$$r_t^{CE} = CE(t) - CE(t+1) \tag{2-28}$$

式中，$CT(t)$ 是当前决策步 t 中最大的工件完工时间

$$CT(t) = \max\left(\{C_{i,SO_i(t)} \mid i = 1, 2, \cdots, n\}\right) \tag{2-29}$$

$CE(t)$ 是当前决策步 t 中产生的碳排放量

$$CE(t) = \alpha_e \left[\sum_{k=1}^{m} \sum_{i=1}^{n} \sum_{j=1}^{SO_i(t)} \left(x_{ijk} p_{ijk} t_{ijk} + p_k^{idle} t_k^{idle} \right) \right] +$$

$$\alpha_f \sum_{k=1}^{m} \sum_{i=1}^{n} \sum_{j=1}^{SO_i(t)} x_{ijk} \frac{t_{ijk}}{T_k} L_k \tag{2-30}$$

r_t^{CT} 和 r_t^{CE} 分别是关于最大完工时间和碳排放量的回报。根据式（2-25），可将决策步 t 的回报 r_t 定义为

$$r_t = w_1 r_t^{CT} + w_2 r_t^{CE} \tag{2-31}$$

为了验证式（2-31），对累计回报进行计算

$$R = \sum_{t=1}^{T} r_t = \sum_{t=1}^{T} \left(w_1 r_t^{CT} + w_2 r_t^{CE} \right)$$

$$= \sum_{t=1}^{T} w_1 \left[CT(t) - CT(t+1) \right] + \sum_{t=1}^{T} w_2 \left[CE(t) - CE(t+1) \right]$$

$$= w_1 \left[CT(1) - CT(T+1) \right] + w_2 \left[CE(1) - CE(T+1) \right] \tag{2-32}$$

式中，$CT(1)$ 和 $CE(1)$ 都为零，因为在初始决策步中没有任何工序被调度。第 T

个决策步后，所有工序已被确定调度顺序，即 $SO_i(T)$ 等于 n_i，$CT(T+1)$ 和 $CE(T+1)$ 分别等于 C_{max} 和 TCE。因此，式（2-32）可进一步简化为

$$R = -w_1 CT(T+1) - w_2 CE(T+1) = -(w_1 C_{max} + w_2 TCE) \tag{2-33}$$

式（2-33）表明，通过最大化累积回报可以实现 C_{max} 和 TCE 的加权和最小的优化目标。

2. 策略网络

调度策略的目标是确定与给定状态具有最佳匹配效果的动作。本节采用一个由 6 级全连通层组成的 DNN，其参数为 θ，将调度策略进行参数化，记为 $\pi_\theta(a_t|s_t)$。输入层共有 10 个神经元，等于状态特征的数量；输出层则输出 9 个动作的概率。前 3 级隐藏层各有 64 个神经元，而第 4 级隐藏层有 32 个神经元。所有隐藏神经元均使用 Tanh 激活函数。

采用 PPO 算法训练策略网络，其中，状态值函数 $V(s_t)$ 由另一个参数为 ϕ 的 DNN 近似表征，记为 $V_\phi(s_t)$。除了输出层只有一个神经元外，$V_\phi(s_t)$ 和 $\pi_\theta(a_t|s_t)$ 具有相同的结构，并共享前三个隐藏。

3. DRL 训练过程

DRL 利用 MDP 的状态、动作和回报组件，建立了智能体和环境之间的交互框架。智能体通过交互来学习并优化其内部的决策策略，即调整策略网络 $\pi_\theta(a_t|s_t)$。图 2-11 说明了针对 CEA-FJSP，基于 PPO 算法构建的 DRL 训练过程，其中训练周期包括采样阶段和更新阶段。在训练开始时先建立了两个相同的策略网络 $\pi_{\theta_{old}}$ 和 π_θ。在一个训练周期中，$\pi_{\theta_{old}}$ 在整个采样和更新阶段保持不变，而 π_θ 在更新阶段则进行多次更新。

在采样阶段，$\pi_{\theta_{old}}$ 与调度环境交互，以收集足够多的状态-动作-奖励元组 (s_t, a_t, r_t)，并存储到缓存区中。在更新阶段，π_θ 利用收集到的数据更新若干次。随后，$\pi_{\theta_{old}}$ 复制 π_θ，并开始下一个训练周期。策略网络的目标损失函数定义为

$$L_t^{\text{CLIP}} = \mathbb{E}_t \left[\min \left(\frac{\pi_\theta(a_t|s_t)}{\pi_{\theta_{old}}(a_t|s_t)} \hat{A}_t, \text{clip} \left(\frac{\pi_\theta(a_t|s_t)}{\pi_{\theta_{old}}(a_t|s_t)}, 1-\varepsilon, 1+\varepsilon \right) \hat{A}_t \right) \right] \tag{2-34}$$

式中，$\mathbb{E}_t[\cdot]$ 为经验平均值；$\frac{\pi_\theta(a_t|s_t)}{\pi_{\theta_{old}}(a_t|s_t)}$ 为重要性采样权值；$\text{clip}(\cdot)$ 为具有超参数 ε 的约束函数，以保证 π_θ 和 $\pi_{\theta_{old}}$ 之间的相似性；$\hat{A}_t$ 为广义优势估计函数（GAE）。

通过均方误差（Mean-Square Error，MSE）损失函数更新值网络

$$L_t^{\text{VF}} = \mathbb{E}_t \left[(V_\phi(s_t) - V_t^{targ})^2 \right] = \mathbb{E}_t \left[\left(V_\phi(s_t) - \sum_{i=t}^{T} r_i \right)^2 \right] \tag{2-35}$$

由于参数共享，故整个网络模型的损失函数可定义为

$$L_t^{\text{CLIP+VF+S}} = \mathbb{E}_t \left[L_t^{\text{CLIP}} - c_1 L_t^{\text{VF}} + c_2 S[\pi_\theta](s_t) \right] \tag{2-36}$$

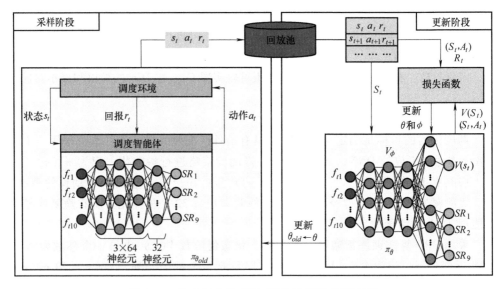

图 2-11 基于 PPO 的 CEA-FJSP 的 DRL 训练过程

式中，$S[\pi_\theta](s_t)$ 是鼓励探索的熵值；c_1 和 c_2 是系数。

训练过程的伪代码如图 2-12 所示。每一个训练周期开始时都初始化 N 个训练实例用于训练，以防止 DRL 调度模型过拟合到特定的实例中。采样阶段收集的数据用于计算累积梯度，对参数 θ 和 ϕ 更新 K 次。

2.3.3 实验结果

通过 4 个数值实验对 DRL 调度模型进行训练、优化性能和泛化性能的验证，并探讨了权重效应。实验中使用的数据集是扩展的 Brandimarte 基准数据集。

1. 实验设置

（1）扩展数据集 Brandimarte 基准数据集定义了 FJSP 的基本配置，见表 2-8。一个基准配置是由 n 个工件和 m 台机器组成的 FJSP 实例，其中一个工件有 nop 个工序，一个工序可以由 meq 台候选机器进行加工，加工时间在 $proc$ 范围内变化。

表 2-8 Brandimarte 基准数据集

配置编码	n	m	nop	meq	$proc$
Mk01	10	6	$[5,7]$	3	$[1,7]$
Mk02	10	6	$[5,7]$	6	$[1,7]$
Mk03	15	8	$[10,10]$	5	$[1,20]$
Mk04	15	8	$[3,10]$	3	$[1,10]$
Mk05	15	4	$[5,10]$	2	$[5,10]$
Mk06	10	15	$[15,15]$	5	$[1,10]$

（续）

配置编码	n	m	nop	meq	$proc$
Mk07	20	5	$[5,5]$	5	$[1,20]$
Mk08	20	10	$[10,15]$	2	$[5,20]$
Mk09	20	10	$[10,15]$	5	$[5,20]$
Mk10	20	15	$[10,15]$	5	$[5,20]$

Algorithm 1 Training process for CEA-FJSP using PPO

Input: training cycles L; memory buffer M; update epochs K; number of training instances N

Output: π_θ

1: Initialize policy network π_θ and value network V_ϕ
2: Initialize old policy network $\pi_{\theta_{old}}$
3: **for** $cycle = 1, 2, ..., L$ **do**
4:     Randomly initialize N CEA-FJSP instances
5:     **for** $instance = 1, 2, ..., N$ **do**
6:         **for** $step = 1, 2, ..., T$ **do**
7:             Randomly sample action a_t based on $\pi_{\theta old}$
8:             Execute action a_t
9:             Receive reward r_t
10:             Transfer to the next state s_{t+1}
11:             Store (s_t, a_t, r_t) in M
12:         **end for**
13:     **end for**
14:     **for** $epoch = 1, 2, ..., K$ **do**
15:         Compute L^{CLIP} by Eq.(16)
16:         Compute L^{VF} by Eq.(17)
17:         Compute $L^{CLIP+VF+S}$ by Eq.(18)
18:         Update parameter θ, ϕ with $\triangledown L^{CLIP+VF+S}$
19:     **end for**
20:     $\pi_{\theta old} \leftarrow \pi_\theta$
21: **end for**

图 2-12　算法 1 的伪代码

CEA-FJSP 除了考虑最大完工时间外，还考虑了机器运行和冷却液处理的能耗。因此，通过添加 7 个额外的参数，将标准实例扩展 CEA-FJSP 调度实例。表 2-9 列出了所添加的参数，其中，Unif 为实数的均匀分布，Rand 为随机选择。加工时间以秒为单位，替代原始基准中的单位时间，以便于计算碳排放量的具体值。碳排放因子是根据香港中小企业碳审计工具包确定的。在添加了额外参数后，Brandimarte

基准数据集中 Mki 实例改为 MkiEx 实例。

表 2-9　用于扩展 Brandimarte 基准数据集所添加的参数

参　　数	值
操作处理时间/s	Unif($proc$)
机器加工功率/kW	Unif[4,15]
机器息速功率/kW	Unif[1,2]
冷却液更换循环/×10⁴ s	Rand{80,85,90,95,100}
冷却液回收量/L	Rand{200,250,300,350,400}
碳排放因子 α_c/[kg/(kW·h)]	0.540
碳排放因子 α_f(kg/L)	5.143

（2）评价指标　平均最大完工时间 AC、平均总碳排放量 AT 和归一化性能 NP 被用于评价模型的性能。AC、AT 或 NP 的值越小，模型的性能越好。这三个评价指标的定义如下：

$$AC = \frac{1}{n} \sum_{i=1}^{n} (C_{\max})_i \qquad (2\text{-}37)$$

$$AT = \frac{1}{n} \sum_{i=1}^{n} TCE_i \qquad (2\text{-}38)$$

$$NP = w_1 \frac{AC - \min\limits_{m_d \in MS} AC_d}{\max\limits_{m_d \in MS} AC_d - \min\limits_{m_d \in MS} AC_d} + w_2 \frac{AT - \min\limits_{m_d \in MS} AT_d}{\max\limits_{m_d \in MS} AT_d - \min\limits_{m_d \in MS} AT_d} \qquad (2\text{-}39)$$

式中，n 为测试实例的总数；$(C_{\max})_i$ 和 TCE_i 为第 i 个实例的最大完工时间和总碳排放量；方法集 MS 由所提出的模型和用于比较的其他调度方法组成；d 表示调度方法 m_d 的索引；AC_d 和 AT_d 分别表示为方法 m_d 的 AC 和 AT。

2. 训练结果

根据表 2-8 中 Mk03 配置和表 2-9 的参数，在每个训练周期中生成 5 个 Mk03Ex 实例。这些实例被用于训练所提出的 DRL 调度模型，以产生 DRL-Mk03Ex 调度求解器。表 2-10 列出了算法 1 的超参数取值。权重 w_1 和 w_2 都设置为 0.5，以平等地评估最大完工时间和碳排放对回报的贡献。模型的训练在一台 PC 上实现，CPU 为 IntelXeonE5-2678V3@2.50GHz，GPU 为 NVIDIA RTX A2000。算法 1 由 Python 3.7 实现，并使用 PyTorch 机器学习框架来部署网络模型。

表 2-10　算法 1 的超参数设置

超　参　数	值
训练周期 L	10000
用于训练的实例数量 N	5
更新次数 K	1

（续）

超 参 数	值
GAE 系数 λ	0.95
折扣因子 γ	0.99
剪切比 ε	0.2
值损失系数 c_1	0.5
熵系数 c_2	0.05
学习率 α	0.0001
优化器	Adam

图 2-13a、b 和 c 分别显示了回报、最大完工时间 C_{max} 和总碳排放量 TCE 的训练历史曲线。从图 2-13a 中可以看出，随着训练过程的推进，回报逐渐增加。图 2-13c 显示了 TCE 对回报具有持续的正反馈，因为它随着时间的增加而单调减小。从图 2-13b 可以看出，在到达第 2200 个周期之前，C_{max} 一直增加，随之下降直到训练结束。该结果表明，在优化初期，TCE 对回报的贡献超过了 C_{max}，并在最后都得到了 DRL 调度模型的优化。图 2-13 中的三条曲线在第 7000 个周期左右开始收敛，之后略有振荡。因此，训练过程最好在第 7000 个周期左右停止，否则模型可能会发生过拟合，导致性能变差。

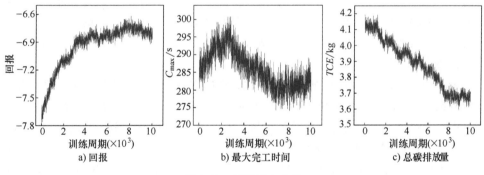

a) 回报 b) 最大完工时间 c) 总碳排放量

图 2-13 训练历史曲线

3. 优化性能验证

生成了 100 个与训练阶段不同的 Mk03Ex 实例来验证 DRL-Mk03Ex 的优化性能，并将其与所提出的调度规则 $SR_1 \sim SR_9$ 和遗传算法进行比较。

图 2-14 显示了 DRL-Mk03Ex 在 Mk03Ex 实例上的性能表现。从图中可以看出，DRL-Mk03Ex 在测试实例上的性能优于所有的调度规则和遗传算法，即能得到平均最大完工时间最短和平均总碳排放量最低的调度方案。虽然遗传算法和一些调度规则（SR_5、SR_6、SR_8）在减小最大完工时间或总碳排放量方面上表现良好，但没有一个调度规则或遗传算法能够同时最小化两个目标。此外，在 NP 评估上，DRL-

Mk03Ex 也显著优于调度规则和遗传算法（Genetic Algorithm，GA）。实验结果证实了 DRL-Mk03Ex 具有优越的优化性能。

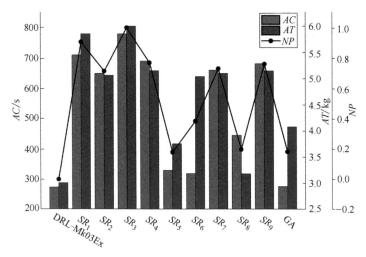

图 2-14　DRL-Mk03Ex 在 Mk03Ex 实例上的性能表现

4. 泛化性能验证

将 DRL-Mk03Ex 调度求解器在 Mk01Ex、Mk02Ex、Mk04Ex～Mk10Ex 实例上进行测试。这些测试实例与训练实例是具有显著差异的。为了验证泛化性能，表 2-11 显示了 DRL-Mk03Ex 在 9 种不同配置的实例上测试所得的 3 个指标的平均结果。所提出的调度规则 $SR_1 \sim SR_9$ 和 GA 被作为基准进行比较。表 2-11 中每个指标的最佳值以粗体字体突出显示。

表 2-11 表明，与调度规则和 GA 相比，DRL-Mk03Ex 在大多数情况下都求得最好的方案。此外，Mk01Ex 和 Mk02Ex 实例比 Mk03Ex 实例具有更简单的配置，而 Mk04Ex～Mk10Ex 实例具有更复杂的配置。这意味着 DRL-Mk03Ex 可以实现双向泛化。此外，DRL-Mk03Ex 在简单实例中所表现的性能与 GA 相当，而在复杂实例中则超过 GA。不仅如此，DRL-Mk03Ex 比调度规则更具鲁棒性。例如，对于 DRL-Mk03Ex，AC 从 52.86s 变化到 595.41s，而对于 SR_1，AC 从 100.50s 变化到 1314.55s。在复杂实例上，调度规则的性能波动更大。例如，在 Mk10Ex 实例的测试中，SR_5 和 SR_3 求得的 AC 值分别达到 560.22s 和 1421.84s。

表 2-11　DRL-Mk03Ex 在非 Mk03Ex 实例上的性能表现

调度实例	指标	DRL-Mk03Ex	SR_1	SR_2	SR_3	SR_4	SR_5	SR_6	SR_7	SR_8	SR_9	GA
Mk01Ex	AC/s	65.27	101.29	89.68	103.85	93.37	67.42	67.31	91.87	80.88	91.33	**52.67**
	AT/kg	**0.52**	0.74	0.66	0.74	0.67	0.56	0.69	0.66	0.53	0.66	0.53
	NP	0.12	0.97	0.68	1.00	0.74	0.24	0.53	0.70	0.30	0.70	**0.02**

（续）

调度实例	指标	DRL-Mk03Ex	SR_1	SR_2	SR_3	SR_4	SR_5	SR_6	SR_7	SR_8	SR_9	GA
Mk02Ex	AC/s	52.86	100.50	90.38	103.75	90.12	62.33	63.93	91.10	62.62	93.86	**49.05**
	AT/kg	0.44	0.82	0.68	0.83	0.69	0.53	0.76	0.69	**0.43**	0.69	0.55
	NP	**0.05**	0.96	0.69	1.00	0.70	0.25	0.55	0.71	0.12	0.73	0.15
Mk04Ex	AC/s	120.70	202.20	182.50	219.80	196.07	125.37	124.41	192.16	170.01	191.79	**98.07**
	AT/kg	1.19	1.72	1.55	1.75	1.58	1.30	1.56	1.58	1.26	1.57	**1.03**
	NP	0.20	0.91	0.71	1.00	0.78	0.30	0.48	0.77	0.46	0.76	**0.00**
Mk05Ex	AC/s	281.31	413.55	387.96	420.45	392.61	274.41	**273.27**	393.11	385.33	393.70	280.55
	AT/kg	2.49	2.29	2.50	2.29	**1.99**	2.34	2.29	2.13	2.29	2.49	2.15
	NP	0.52	0.77	0.89	0.79	0.41	0.35	0.29	0.54	0.67	0.90	**0.18**
Mk06Ex	AC/s	**166.06**	454.68	401.38	472.50	410.75	190.29	187.53	402.76	280.67	405.36	166.54
	AT/kg	**1.99**	4.12	3.53	4.18	3.55	2.30	3.07	3.52	2.25	3.54	2.52
	NP	0	0.96	0.74	1.00	0.76	0.11	0.28	0.74	0.25	0.74	0.12
Mk07Ex	AC/s	**219.15**	412.82	372.82	444.81	391.11	274.53	277.09	382.54	278.85	376.05	219.85
	AT/kg	**1.92**	3.44	2.95	3.48	2.99	2.42	3.26	2.98	1.93	2.98	2.53
	NP	0	0.92	0.67	1.00	0.72	0.28	0.56	0.70	0.14	0.69	0.20
Mk08Ex	AC/s	595.41	1314.55	1264.56	1388.23	1331.61	570.95	**567.96**	1301.90	1241.76	1292.80	632.53
	AT/kg	**7.68**	10.43	9.93	10.62	10.09	7.76	8.50	9.99	9.29	9.99	7.78
	NP	**0.02**	0.92	0.81	1.00	0.88	0.02	0.14	0.84	0.68	0.83	0.06
Mk09Ex	AC/s	**530.05**	1380.95	1283.19	1475.75	1341.31	568.43	547.01	1304.44	1151.68	1297.93	550.78
	AT/kg	**7.19**	11.62	10.45	11.86	10.59	7.63	9.46	10.50	8.67	10.49	8.34
	NP	0	0.92	0.75	1.00	0.79	0.07	0.25	0.76	0.49	0.76	0.13
Mk10Ex	AC/s	**516.53**	1354.37	1183.54	1421.84	1210.95	560.22	570.26	1185.87	1013.48	1195.13	521.93
	AT/kg	**7.46**	13.63	11.70	13.89	11.80	8.00	10.57	11.70	9.13	11.73	8.88
	NP	0	0.94	0.70	1.00	0.72	0.07	0.27	0.70	0.40	0.71	0.11

5. 权重效应

Mk03Ex 实例用于训练不同权重组合（w_1,w_2）下的 DRL 调度模型：WC_1 = (0.0,1.0)，WC_2 = (0.25,0.75)，WC_3 = (0.5,0.5)，WC_4 = (0.75,0.25)，WC_5 = (1.0,0.0)。因此，建立了 5 个 DRL 调度求解器。这些求解器有着相同的模型结构，但具有不同的网络参数值。图 2-15 显示了 5 个求解器在 Mk03Ex 实例上求得的 C_{max} 和 TCE，以及加工模式下机器产生的碳排放 CE_p、空闲模式下机器产生的碳排放 CE_r、冷却剂处理所产生的碳排放 CE_f。

结果证明了 DRL 调度求解器的非线性特性。C_{max} 不随权重 w_1 单调变化而单变化，碳排放量也不随权重 w_2 单调变化而变化，即最大完工时间或总碳排放量都会受到 w_1 和 w_2 的共同影响。这也意味着 DRL 调度求解器不能直接控制子优化目标。相反，权重应该被视为优化参数，通过调整 w_1 和 w_2 计算出给定实例的加权优化目标。例如，对于 Mk03Ex 实例，WC_2 是 5 组权重组合中最好的一组。

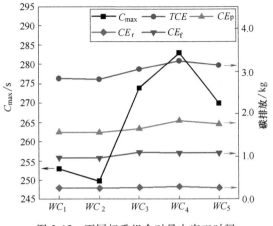

图 2-15 不同权重组合对最大完工时间和碳排放的影响

对于每组权重组合，3 种碳排放 CE_p、CE_f、CE_r 对 TCE 的贡献分别约为 56%、34% 和 10%。具体而言，机器在加工工序时产生的碳排放量最多，而在空闲状态下产生的碳排放量最少，而且冷却液处理产生的碳排放不可忽略。此外，可以观察到 CE_p、CE_f、CE_r 与权重保持相似的变化趋势。这些结果表明了可基于 CE_p 或 CE_p 与 CE_f 的加和来简化碳排放的表示。

2.4 应用效果评价

DRL 在调度中的应用效果通常采用优化效果、执行效率、收敛稳定性和泛化能力 4 个指标进行评价。

2.4.1 算法优化效果

常用最大完工时间、最大/平均延迟时间、最大/平均机器利用率等作为调度优化的目标，所以，它们的最优程度决定了算法的有效性。由于调度问题是一类 NP 难问题，通常难以获得调度实例的最优目标值，所以为了验证 DRL 算法的优化能力，常将其与基于启发式规则的调度方法、元启发式算法、运筹优化算法等进行比较。综合文献实验结果可知，DRL 算法的优化效果优于基于规则的启发式方法，和元启发式算法相当，并接近运筹优化算法。

2.4.2 算法执行效率

算法执行的快慢对生产调度具有现实影响。DRL 算法包括多个环节，其执行时间如下：

$$t = N(t_s + t_r + t_\pi + t_{ce}) \tag{2-40}$$

即算法执行时间 t 等于状态函数计算用时 t_s、回报函数计算用时 t_r、策略函数计算

用时 t_{π}、动作控制与执行用时 t_{ce} 之和并乘以循环次数 N。

启发式规则可以在不保证解质量的情况下快速给出调度问题的解。当给定较长的执行时间时，元启发式和精确优化方法通常会找到更好的解决方案，但这对于实际生产场景来说是不可接受的。DRL 调度方法由于具有泛化能力，能够成功地兼顾效率和质量。换句话说，DRL 调度方法能够比启发式规则、元启发式算法或精确优化方法在更短的时间内确定更好的调度解决方案。

2.4.3 算法的收敛性和稳定性

训练过程的目标变化曲线可以从中间调度方案中得到，以描述算法的执行过程。对于最小优化问题，曲线下降表现为收敛性，而小幅的波动则表现为稳定性。实验结果表明，DRL 调度方法的收敛性和稳定性与元启发式算法相当。

2.4.4 算法的泛化能力

研究表明，采用一组调度问题实例对 DRL 模型进行训练，训练完成的 DRL 模型可以用于求解规模更大的新的调度问题，而且 DRL 模型执行时间远少于训练阶段。这些特性表明 DRL 模型能利用学习到的经验，高效地求解新的调度问题，而无需进行模型的重构与再训练。相较之下，元启发式算法对任一调度问题实例都要进行独立求解，不能保存经验，无法实现泛化。

2.5 开放性问题

在现有的解决生产调度问题的模型和算法中，深度强化学习是独特的，因为它可以泛化到新的调度实例。它还与云计算、大数据和数字孪生等新兴信息技术兼容。因此，将 DRL 算法与智能制造技术集成来解决新的调度问题或开启新的属性是一个很有前途的方向。

2.5.1 柔性作业车间调度问题

目前，DRL 生产调度的研究主要集中在经典的作业车间调度问题上。然而，FJSP 更符合以多品种、小批量和定制产品的混流生产为特征的消费趋势[43]，因为 FJSP 中制造资源和工件具有高度灵活性。然而，FJSP 也引入了很大的复杂性。一个 FJSP 实例中的工件通常需要不同的工序和不同的工序顺序，并且工序与机器之间具有多对多的关系，即一个工序可以由多台机器处理，一台机器可以处理多个工序。因此，面向 FJSP 的 DRL 调度方法具有理论价值和广阔的应用前景。

2.5.2 多目标优化问题

生产调度在多目标优化中具有重要作用[44]。然而，这些优化目标通常是相互矛盾的。换句话说，一个目标的提高可能会降低其他目标。多目标优化问题的关键是实现目标之间的权衡，以最大限度地提高整体性能。DRL 算法的特性之一，就是以回报作为优化目标，调度目标必须跟回报进行关联才能得到优化。但是回报是一个简单的实数，表达能力有限，限制了它解决多目标优化问题的能力。所以，实现基于 DRL 多目标优化调度仍然需要较大的突破。

2.5.3 多智能体调度问题

垂直集成、水平集成和端到端集成的不断推进，将显著增加智能制造系统的复杂性。单一智能体难以快速、有效、经济地解决问题。多智能体分布式计算、协同优化的思想为解决大规模复杂问题提供了先进的理念。虽然多智能体 DRL 已有相关的研究[45,46]，但将其更好地应用于生产调度仍然面临很大的技术难度。

2.5.4 自适应调度问题

很多性能先进的调度算法在实际应用时，特别是在复杂生产现场的应用情况并不理想。究其原因，复杂的参数设置是令人生畏的一个重要方面。所以生产调度算法在关注优化目标和执行效率的同时，要提高易用性，从而提升用户体验。将 DRL 生产调度与数字孪生[47]、云计算等智能制造技术有机结合，增强 DRL 算法的自学习能力，有望减少设置，提升算法的自适应能力[48]。

2.5.5 DRL 泛化体系构建问题

DRL 生产调度的诸多优势都与其具有的泛化能力有关[36]，这是深度强化学习算法区别于元启发式算法的重要特征。尽管训练一个 DRL 模型可能需要大量的计算资源和时间，但泛化能力使训练好的 DRL 调度模型能够高效地解决新的调度实例。然而，目前已有的研究主要集中在将小规模实例泛化到大规模实例上。因此，研究 DRL 生产调度特定的泛化理论是必要的，必将为调度问题和基于 DRL 的调度方法提供新的见解。

2.6 本章小结

许多 DRL 方法已经被提出来解决调度问题，这些方法在 DRL 要素的设计中表现出几个典型的设计模式，如智能体决策机制、中间调度方案、状态、动作和回报。此外，设计模式和模式组合有不同程度的普及程度。由于其他生产调度问题的文献较少，所以本章主要研究了作业车间调度问题的 DRL 调度模型。并且，对设计模式和模式组合的分类可以广泛地启发用于高级生产调度问题的 DRL 模型的设计中。

本章提出了一个碳排放敏感的柔性作业车间调度问题 CEA-FJSP，并提出了一个 DRL 调度模型来生成可行的调度方案，而不需要额外的搜索。在 CEA-FJSP 中，机器运行和冷却液处理所产生的能耗作为两个主要的碳排放源。所提出的 DRL 调度模型将 CEA-FJSP 视为一个 MDP，其中调度智能体与调度环境交互，以确定特定状态下的最佳动作。这种互动是由以最小化最大完工时间和碳排放量为优化目标的回报函数进行引导的。实验结果表明，所提出的 DRL 调度模型比调度规则和 GA 具有更强的优化和泛化能力，而且 DRL 调度模型可以通过改变权重组合进行调整。

　　未来的工作应考虑更多元的碳排放源、更多元的优化目标以及更灵活的 DRL 框架，以在复杂的生产场景中求取更实用的调度方案。要解决复杂的生产调度问题，必须将深度强化学习算法与智能制造技术深度融合。其中包括柔性作业车间调度、多目标优化调度、多智能体调度和自适应调度。此外，DRL 泛化能力还需要在底层机制、生产调度具体表现形式、综合评价协议等方面进行进一步探索。

参 考 文 献

［1］　GAREY M R, JOHNSON D S, SETHI R. The complexity of flowshop and jobshop scheduling ［J］. Mathematics of operations research, 1976, 1 (2)：117-129.

［2］　PANWALKAR S S, ISKANDER W. A survey of scheduling rules ［J］. Operations research, 1977, 25 (1)：45-61.

［3］　KATO E R R, DE AGUIAR ARANHA G D, TSUNAKI R H. A new approach to solve the flexible job shop problem based on a hybrid particle swarm optimization and random-restart hill climbing ［J］. Computers & Industrial Engineering, 2018, 125：178-189.

［4］　PARJAPATI S K, AJAI J. Optimization of flexible job shop scheduling problem with sequence dependent setup times using genetic algorithm approach ［J］. International Journal of Mathematical, Computational, Natural and Physical Engineering, 2015, 9：41-47.

［5］　ARULKUMARAN K, DEISENROTH M P, BRUNDAGE M, et al. Deep reinforcement learning：A brief survey ［J］. IEEE Signal Processing Magazine, 2017, 34 (6)：26-38.

［6］　SUTTON R S, BARTO A G. Reinforcement learning：An introduction ［M］. Cambridge：MIT press, 2018.

［7］　PALOMBARINI J A, MARTÍNEZ E C. End-to-end on-line rescheduling from Gantt chart images using deep reinforcement learning ［J］. International Journal of Production Research, 2022, 60 (14)：4434-4463.

［8］　YAN J, LIU Z, ZHANG T, et al. Autonomous decision-making method of transportation process for flexible job shop scheduling problem based on reinforcement learning ［C］ // 2021 International Conference on Machine Learning and Intelligent Systems Engineering (MLISE). Chongqing：IEEE, 2021：234-238.

［9］　CHEN X, TIAN Y. Learning to perform local rewriting for combinatorial optimization ［J］. arXiv preprint arXiv, 2018：1810. 00337.

［10］　MAGALHÃES R, MARTINS M, VIEIRA S, et al. Encoder-decoder neural network architecture for solving job shop scheduling problems using reinforcement learning［C］//2021 IEEE Symposium Series on Computational Intelligence (SSCI). IEEE, 2021: 01-08.

［11］ DU Y, LI J, CHEN X, et al. Knowledge-based reinforcement learning and estimation of distribution algorithm for flexible job shop scheduling problem［J］. IEEE Transactions on Emerging in Topics Computational Intelligence, 2023, 7 (04): 1036-1050.

［12］ LIU C L, CHANG CC, TSENG C J. Actor-critic deep reinforcement learning for solving job shop scheduling problems［J］. IEEE Access, 2020, 8: 71752-71762.

［13］ WANG L, HU X, WANG Y, et al. Dynamic job-shop scheduling in smart manufacturing using deep reinforcement learning［J］. Computer Networks, 2021, 190: 107969.

［14］ HAN B A, YANG J J. Research on adaptive job shop scheduling problems based on dueling double DQN［J］. IEEE Access, 2020, 8: 186474-186495.

［15］ CHANG, J, YU D, HU Y, et al. Deep reinforcement learning for dynamic flexible job shop scheduling with random job arrival［J］. Processes, 2022, 10 (4): 760.

［16］ HAN B A, YANG J J. A deep reinforcement learning based solution for flexible job shop scheduling problem［J］. International Journal of Simulation Modelling, 2020, 20 (02): 375-386.

［17］ LUO S, ZHANG L, FAN Y. Dynamic multi-objective scheduling for flexible job shop by deep reinforcement learning［J］. Computers & Industrial Engineering, 2021, 159: 107489.

［18］ XU Z, CHANG D, SUN M, et al. Dynamic scheduling of crane by embedding deep reinforcement learning into a digital twin framework［J］. Information, 2022, 13 (06): 286.

［19］ LUO P C, XIONG H Q, ZHANG B W, et al. Multi-resource constrained dynamic workshop scheduling based on proximal policy optimisation［J］. International journal of production research, 2022, 60 (19): 5937-5955.

［20］ NI F, HAO J, LU J, et al. A multi-graph attributed reinforcement learning based optimization algorithm for large-scale hybrid flow shop scheduling problem［C］// Proceedings of the 27th ACM SIGKDD Conference on Knowledge Discovery and Data Mining (KDD). Virtual Event: ACM, 2021: 3441-3451.

［21］ SEITO T, MUNAKATA S. Production scheduling based on deep reinforcement learning using graph convolutional neural network［C］// Proceedings of the 12th International Conference on Agents and Artificial Intelligence (ICAART 2020). Valletta: SciTePress, 2020: 766-772.

［22］ ZENG Y, LIAO Z, DAI Y, et al. Hybrid intelligence for dynamic job-shop scheduling with deep reinforcement learning and attention mechanism［J］. arXiv preprint arXiv, 2022: 2201. 00548.

［23］ HAMEED M S A, SCHWUNG A. Reinforcement learning on job shop scheduling problems using graph networks［J］. arXiv preprint arXiv, 2020: 2009. 03836.

［24］ LIN C C, DENG D J, CHIH Y L, et al. Smart manufacturing scheduling with edge computing using multiclass deep Q network［J］. IEEE Transactions on Industrial Informatics, 2019, 15 (07): 4276-4284.

［25］ ZHAO Y, WANG Y, TAN Y, et al. Dynamicjobshop scheduling algorithm based on deep Q network［J］. IEEE Access, 2021, 9: 122995-123011.

[26] LI Y, GU W, YUAN M, et al. Real-time data-driven dynamic scheduling for flexible job shop with insufficient transportation resources using hybrid deep Q network [J]. Robotics and Computer-Integrated Manufacturing, 2022, 74: 102283.

[27] LUO S, ZHANG L, FAN Y. Real-time scheduling for dynamic partial-no-wait multiobjective flexible job shop by deep reinforcement learning [J]. IEEE Transactions on Automation Science and Engineering, 2021, 19 (4): 3020-3038.

[28] LEE S, CHO Y, LEE Y H. Injection mold production sustainable scheduling using deep reinforcement learning [J]. Sustainability, 2020, 12 (20) : 8718.

[29] PARK I B, HUH J, KIM J, et al. A reinforcement learning approach to robust scheduling of semiconductor manufacturing facilities [J]. IEEE Transactions on Automation Science and Engineering, 2019, 17 (03): 1420-1431.

[30] TASSEL P, GEBSER M, SCHEKOTIHIN K. A reinforcement learning environment for job-shop scheduling [J]. arXiv preprint arXiv, 2021: 2104. 03760.

[31] TURGUT Y, BOZDAG C E. Deep Q-network model for dynamic job shop scheduling problem based on discrete event simulation [C] // 2020 Winter Simulation Conference (WSC). Orlando: IEEE, 2020: 1551-1559.

[32] PARK I B, PARK J. Scalable scheduling of semiconductor packaging facilities using deep reinforcement learning [J]. IEEE Transactions on Cybernetics, 2021.

[33] SAMSONOV V, KEMMERLING M, PAEGERT M, et al. Manufacturing control in job shop environments with reinforcement learning [C] // Proceedings of the 13th International Conference on Agents and Artificial Intelligence (ICAART 2021). Vienna: SciTePress, 2021: 589-597.

[34] CHEN R, LI W, YANG H. A deep reinforcement learning framework based on an attention mechanism and disjunctive graph embedding for the job-shop scheduling problem [J]. IEEE Transactions on Industrial Informatics, 2022, 19 (2): 1322-1331.

[35] PARK J, BAKHTIYAR S, PARK J. ScheduleNet: learn to solve multi-agent scheduling problems with reinforcement learning [J]. arXiv preprint arXiv, 2021: 2106. 03051.

[36] PARK J, CHUN J, KIM S H, et al. Learning to schedule job-shop problems: representation and policy learning using graph neural network and reinforcement learning [J]. International Journal of Production Research, 2021, 59 (11): 3360-3377.

[37] ZHANG C, SONG W, CAO Z, et al. Learning to dispatch for job shop scheduling via deep reinforcement learning [C] // Advances in Neural Information Processing Systems 33 (NeurIPS 2020). Online: Curran Associates, 2020: 1621-1632.

[38] MONACI M, AGASUCCI V, GRANI G. An actor-critic algorithm with deep double recurrent agents to solve the job shop scheduling problem [J]. arXiv preprint arXiv, 2021: 2110. 09076.

[39] REN J F, YE C M, YANG F. A novel solution to JSPS based on long short-term memory and policy gradient algorithm [J]. International Journal of Simulation Modelling, 2020, 19 (1): 157-168.

[40] VAN EKERIS T, MEYES R, MEISEN T. Discovering heuristics and metaheuristics for job shop

scheduling from scratch via deep reinforcement learning [C] // Proceedings of the Conference on Production Systems and Logistics (CPSL 2021). Digital Event: publish-Ing., 2021: 709-718.

[41] ZHAO L, SHEN W, ZHANG C, et al. An end-to-end deep reinforcement learning approach for job shop scheduling [C] // 2022 IEEE 25th International Conference on Computer Supported Cooperative Work in Design. 2022, 841-846.

[42] LUO S. Dynamic scheduling for flexible job shop with new job insertions by deep reinforcement learning [J]. Applied Soft Computing, 2020, 91: 106208.

[43] KOCSI B, MATONYA M M, PUSZTAI L P, et al. Real-time decision-support system for high-mix low-volume production scheduling in industry 4.0 [J]. Processes, 2020, 8 (8): 912.

[44] MOKHTARI H, HASANI A. An energy-efficient multi-objective optimization for flexible job-shop scheduling problem [J]. Computers & Chemical Engineering, 2017, 104: 339-352.

[45] WASCHNECK B, REICHSTALLER A, BELZNER L, et al. Deep reinforcement learning for semiconductor production scheduling [C] // 2018 29th Annual SEMI Advanced Semiconductor Manufacturing Conference (ASMC). Saratoga Springs: IEEE, 2018: 301-306.

[46] LANG S, BEHRENDT F, LANZERATH N, et al. Integration of deep reinforcement learning and discrete event simulation for real-time scheduling of a flexible job shop production [C] // 2020 Winter Simulation Conference (WSC). Orlando: IEEE, 2020: 3057-3068.

[47] FANG Y, PENG C, LOU P, et al. Digital-twin-based job shop scheduling toward smart manu-facturing [J]. IEEE Transactions on Industrial Informatics, 2019, 15: 6425-6435.

[48] MOON J, YANG M, JEONG J. A novel approach to the job shop scheduling problem based on the deep Q-network in a cooperative multi-access edge computing ecosystem [J]. Sensors, 2021, 21: 4553.

第3章　智联生产线自主智能协同控制

3.1　引言

随着智能制造技术的不断进步，制造业正朝着个性化定制模式的方向发展。这种发展趋势不仅要求企业更加高效地组织生产、快速响应市场多元化需求，而且要求企业更加灵活自主地协同生产要素，从而最大化利用生产资源，缩短产品上市时间，提高产品品质。因此，如何深度融合新一代信息技术、人工智能技术，实现生产系统涉及的人、机、物自主协同控制是阻碍当前制造业发展的重要困难之一。针对大规模个性化定制生产模式下的智联生产线自主智能协同控制需求，其主要问题包括：

一是针对生产线不同场景下的人机物控制方法建模问题。如何针对传统反馈控制模型不精确、难以处理高维输入等问题，在控制器设计方面建立基于深度学习的控制器模型，实现数据/模型混合驱动控制方法，提升算法的可解释性和算法鲁棒性。

二是针对新一代智能生产线大量产生的以图像、声音、传感器等为载体的多模态数据特征提取与分析问题。如何以人机物自主协同为目标关联和分析多模态数据，建立以新一代人工智能为核心的增量学习模型，更好支撑基于深度学习的人机物自主协同核心算法。

三是针对多约束条件下的人机物控制策略优化问题。如何在常规策略基础上自主的选择和优化控制策略，建立融合深度强化学习、模型预测控制等方法多重优化控制策略模型，从而更加灵活地支撑人机物自主协同任务的完成。

四是针对生产线已大量存在的各类工业机器人协同作业问题，如何更高效、更柔性地利用各类机器人完成多个场景的协同作业需求，建立融合数字孪生的虚实融合协同作业模型，形成自学习、自执行的人机交互模式，从而支撑更安全可靠的实现人机物的协同控制。

因此，本章将从上述4个方面简要阐述具体的研究内容和研究思路。

3.2 数据/模型混合驱动智联生产线控制方法研究

3.2.1 数据/模型混合驱动智联生产线控制模型结构

在传统反馈控制研究基础上，如何在控制器设计的各个部分更好地结合新一代人工智能、深度学习等技术，在以下 4 个方面进行了改进：①在高维数据输入的处理方面，利用图神经网络和 Transformer 进行状态特征提取与分析；②对于控制器的控制策略与系统估计，结合深度强化学习在序列决策问题上的优势和模型预测控制在多约束条件下的最优控制优势；③对于执行器，利用数字孪生技术进行人机协同的任务执行；④对于环境反馈，利用迁移学习完成算法由仿真环境向真实环境以及不同环境之间的迁移。因此，针对上述内容提出了数据/模型混合驱动智联生产线控制模型结构，如图 3-1 所示，主要研究内容包括：

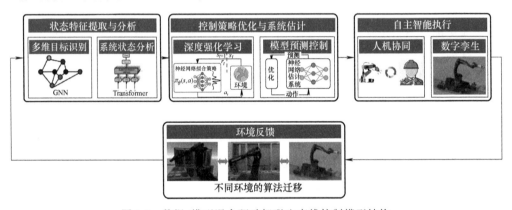

图 3-1　数据/模型混合驱动智联生产线控制模型结构

（1）状态特征提取与分析　针对环境反馈的状态，需要对其进行特征提取与分析，以便后续控制策略的生成。对于图像数据，需要以深度卷积神经网络、深度图神经网络为代表的算法对目标进行识别，例如机械臂抓取任务，需要对待抓取的物体进行识别并对物体的姿态进行估计；对于长时间序列数据，需要利用以 Transformer 为代表的算法对时间序列进行预测分析，例如设备故障诊断任务中，需要对传感器采集的时序数据进行异常检测，以分析出设备具体故障。

（2）控制策略优化与系统估计　针对处理后的状态，智联生产线需要优化控制策略。近年来，深度强化学习在序列决策问题上取得了很大成就，但这类算法数据利用效率低下，同时不可解释特性导致其难以严格保证安全。模型驱动的最优控制算法所需训练时间短，非常适合存在多约束条件时的策略优化问题，但其模型误差不可避免。因此，结合二者优势显得尤为重要，利用系统估计模型和强化学习双重机制优化控制策略输出。

（3）**自主智能执行**　对于一些实际环境比较恶劣甚至不安全的环境，考虑利用数字孪生技术进行远程控制与操作。利用数字孪生对实际物理系统的各种组分（如结构、机械、电气等）进行数字化建模，使得这个数字模型可以与实际物理系统实时同步。工作人员通过与数字孪生模型进行交互，输入不同的数据和参数，指导机器执行不同的任务，以达到人、机、物的协同控制。

（4）**不同环境的算法迁移**　考虑到算法训练的成本，大多数算法在训练阶段均在仿真环境中进行，测试完成后再通过 Sim2Real 技术将算法部署到实际环境中。对于一些相似环境，利用迁移学习技术对训练好的算法网络进行微调即可部署到不同的环境，从而避免重新训练算法，以节省时间和成本。

3.2.2　数据/模型混合驱动智联生产线控制算法设计

在数据模型混合驱动的控制算法方面，2018 年徐宗本院士提出了模型驱动的深度学习理念以及包括模型族、算法族、深度神经网络的 3 层架构。2020 年，柴天佑院士提出：机理模型和大数据驱动的人工智能技术是未来工业人工智能的发展方向。此后，相关学者在"规则与数据混合驱动""知识与数据混合驱动"以及"模型与数据混合驱动" 3 个方向的控制方法开展了大量研究，并在群体智能算法、无人机集群避障控制、连续控制等领域开展了初步应用，这些研究对于提升数据驱动算法的效率，减少模型驱动算法的误差，提升模型驱动算法的对环境的学习能力起到了重要作用。上述研究成果为本研究提供了大量有价值的参考价值。

目前，虽然已经有不少对数据模型混合驱动算法的研究，但是涉及领域不多，同时针对数据模型混合通用理论和范式的研究较少。针对模型驱动算法，不能狭隘地将模型驱动算法定义为基于机理模型（例如运动学模型、动力学模型）驱动的算法。广泛地说，基于专家经验或专家数据库、人为设定规则，以及基于运动学、动力学等机理模型的算法都可以归结为模型驱动算法。因此，本部分将分 3 部分对于数据/模型混合驱动控制方法做简要描述。

1. 模型驱动的控制输入处理算法

模型驱动的控制输入处理方法如图 3-2 所示。基于专家经验、数据库、人为设计规则、机理等对控制输入数据进行处理，提升数据驱动算法训练效率。这类方法的算法结构主要包括以下 3 个步骤：

步骤 1：专家数据集的获取，一般有 3 种方式，即实际采集的专家经验、人为设计的规则、模型驱动算法得到的数据库。

步骤 2：采用专家数据库对神经网络 f_θ 进行监督训练。步骤 2 中 s_t 表示专家数据库抽取的特征，a_t 表示专家数据库中特征 s_t 对应的标签（理想输出动作），$\hat{a}_t$ 表示神经网络输出的动作，利用损失 $Loss(a_t, \hat{a}_t)$ 对神经网络进行训练。这个过程类似行为克隆（Behivor Cloning，BC）的过程。

步骤 3：采用步骤 2 获得的神经网络与环境进行交互学习，这个阶段即强化学

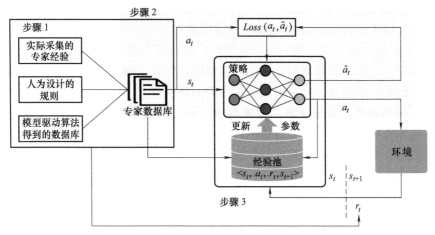

图 3-2　模型驱动的控制输入处理方法

习的过程。在此阶段，强化学习不仅从产生的交互数据中学习，还从专家数据中进行学习。为了让强化学习更快收敛，一般将人为经验加入奖励函数中。

这种方法有助于提升数据驱动算法效率，主要体现在以下 3 点：一是整个步骤 2 阶段的监督训练过程，使得智能体在与环境交互学习前就具有了一定的智能性；二是专家数据库迁移到强化学习经验池中，神经网络不仅仅利用与环境交互得到的数据进行训练，还借助专家数据库进行训练；三是一些人为设计规则、机理模型指导奖励函数的设计，将人类先验知识加入奖励函数中，指导智能体朝着正确的方向迭代。这同样也是这种方法的 3 个难点：①对于步骤 2 阶段，由于专家数据库与实际环境的差别，很容易出现偏离分布（Out Of Distribution，OOD）现象；②对于专家数据库和本身的经验池，强化学习应该如何选择也是值得探讨的；③简单的稀疏奖励很难让算法收敛，而过于复杂的奖励可能也不会得到期望的结果，人类先验过多的干预可能会让算法泛化性表现不佳。

2. 模型驱动算法优化动作输出算法

模型驱动算法优化动作输出结构如图 3-3 所示。这类算法主要用于优化神经网络的动作输出。在控制领域，最优控制通过最小化损失函数优化输出，强化学习通过最大化累积奖励优化输出。因此，可以利用最优控制进一步优化强化学习的策略。这类算法选用的最优控制典型结构是 MPC 控制器。利用模型驱动算法优化动作输出优势表现在两方面，一是可以有效提升数据驱动算法的数据利用效率，在训练前期，由于模型的指导，强化学习会很快学习到完成目标任务的优质动作；二是可以提升数据驱动算法的可解释性和算法鲁棒性。

对于一般的深度强化学习，策略通常采用深度神经网络直接拟合或间接拟合（通过拟合 Q 函数拟合策略），此类算法使用 MPC 对神经网络拟合后的策略进行优化。对于间接拟合策略的方式，可以利用 MPC 替代强化学习本身的 Q 函数或者对

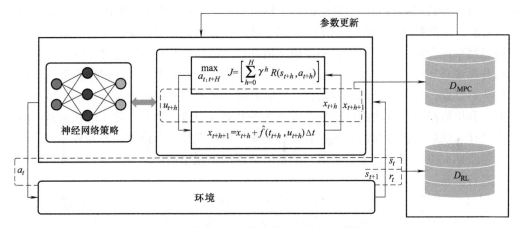

图 3-3 模型驱动算法优化动作输出结构

Q 函数进行修正，对于直接拟合策略的方式，一方面可以通过 MPC 在强化学习的训练前期对策略网络进行评估或者让策略网络利用 MPC 进行学习，另一方面可以直接利用 MPC 替代神经网络策略，直接输出动作。这类算法利用 MPC 最小化预测时域内动作损失和强化学习最大化累积奖励的思想，将 MPC 与 RL 建立联系，但难点也随之而来，如何通过二者联系对整体动作输出优化和更新是这类算法的关键。

3. 学习控制器设计和处理高维输入

针对模型驱动算法一般难以处理高维输入和模型构建不准确的问题，国内外研究者针对数据驱动算法优化模型驱动算法结构和模型结构进行了一定研究，这类算法结构如图 3-4 所示。具体研究包括：

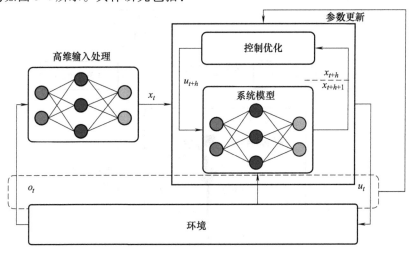

图 3-4 学习控制器设计和处理高维输入

1）学习控制器设计。影响控制器性能的两个关键是系统模型估计和控制器参数更新，因此控制器的学习也主要针对于此。一方面，针对数学模型的限制，利用神经网络拟合环境模型。将控制器模型估计部分的机理模型替换为神经网络，可以提升模型对环境的表征能力，且能够学习到系统的偶然误差。神经网络模型的参数更新是重点，为了提升网络性能，一般需要增加随机动作对网络进行训练。另一方面，利用数据驱动方法的网络更新方式对控制器参数进行更新。传统的控制器一般在设计完成后不再对控制器的参数进行更新，而这类算法利用控制器与环境交互产生的数据对控制器进行参数更新，常见的是利用强化学习中的 TD 误差对控制器参数进行更新。

2）针对模型驱动难以处理高维输入的问题，可以利用神经网络处理高维输入，将神经网络的输出作为模型驱动算法的输入状态；但是由于损失函数难以建立，故这部分神经网络的训练是一个难点，一般将神经网络的输出 x_t 与模型驱动算法的输出 u_t 建立联系，以完成神经网络的参数更新。

3.2.3 机器人自主运动控制中的案例应用

数据模型混合驱动方法可以有效提升模型驱动算法对于高维数据输入的处理能力，对其在高维复杂任务中的应用具有重要意义。同时，也可以有效避免模型误差或者人为难以设计模型的劣势。结合上述研究，本节将在机械臂对静态和动态障碍物运动控制方面开展实际的应用。

1. 静态障碍物的机械臂运动控制应用

本部分将描述静态障碍物且有噪声场景（以下简称静态场景）下的机械臂运动规划方法，如图 3-5 所示。

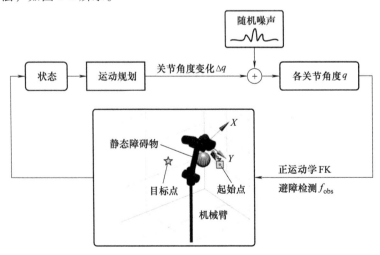

图 3-5 静态噪声场景下的机械臂运动规划

　　针对图中场景，提出利用GA和PSO算法优化多项式轨迹模型生成专家数据库进而引导SAC智能体学习的算法（Genetic Algorithm Particle Swarm Optimization-Polynomial Model-Soft Actor Critic，GP-P-SAC）来解决上述任务。针对稀疏奖励难以收敛的问题，提出了模型驱动的奖励函数，引导机械臂到达目标位姿的同时保证运动平滑度。

　　图3-6展示了GP-P-SAC算法的整体框架。GP-P-SAC算法主要分为两部分：一部分是利用GA和PSO收集专家数据，另一部分是利用SAC与环境交互学习。在专家数据收集部分，本算法在理想无噪声环境中将机械臂运动规划问题描述为一个多目标优化问题，通过优化起终点的多项式轨迹模型参数完成运动规划任务。在与环境交互学习的过程中，由于稀疏奖励难以让智能体学习到有用的信息，所以本算法将人类经验引入奖励函数中，引导机械臂到达目标点。SAC在线学习过程中，SAC算法不仅仅利用了在线产生的数据，还利用了专家数据，以便更快收敛。

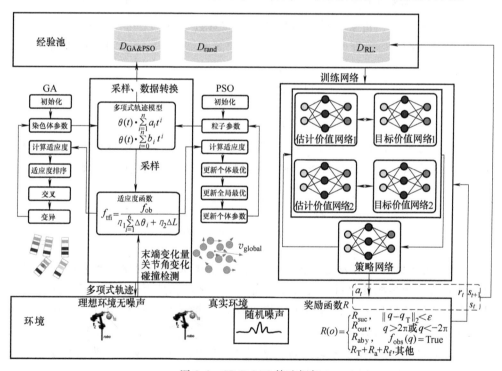

图3-6　GP-P-SAC算法框架

　　GP-P-SAC算法属于数据模型混合驱动算法的第一类算法，即引导数据采样。模型对于数据驱动算法的引导主要体现在两个方面：一是在线学习过程中专家数据的引导，二是在奖励函数中增加人为经验。GP-P-SAC一方面可以提升算法训练效率，加速算法收敛，另一方面可以降低理想轨迹模型误差的影响。

　　以下对该算法的各部分进行详细描述：

（1）专家数据的收集——GA、PSO 算法优化多项式轨迹 避障的主要思想是在起始点和目标点之间设置一个中间点，将机械臂的运动轨迹分为两段，第 1 段轨迹为起始点到中间点，第 2 段轨迹为中间点到目标点。需要注意的是，轨迹模型需要在理想无噪声环境中进行验证求解。在真实环境中，由于噪声的存在，机械臂并不能完全按照预先设定的理想轨迹执行动作，可能导致运动规划失败。

机械臂完整的轨迹被分为两段，前一段轨迹采用 4 次多项式进行规划，后一段轨迹采用 5 次多项式进行规划。即

$$\boldsymbol{\theta}_a(t_1) = \boldsymbol{a}_0 + \boldsymbol{a}_1 t_1 + \boldsymbol{a}_2 t_1^2 + \boldsymbol{a}_3 t_1^3 + \boldsymbol{a}_4 t_1^4, \quad 0 \leqslant t_1 \leqslant T_1 \tag{3-1}$$

$$\boldsymbol{\theta}_b(t_2) = \boldsymbol{b}_0 + \boldsymbol{b}_1 t_2 + \boldsymbol{b}_2 t_2^2 + \boldsymbol{b}_3 t_2^3 + \boldsymbol{b}_4 t_2^4 + \boldsymbol{b}_5 t_2^5, \quad 0 \leqslant t_2 \leqslant T_2 \tag{3-2}$$

式中，$\boldsymbol{\theta}_a = [\theta_{a,1}, \cdots, \theta_{a,i}, \cdots, \theta_{a,n}]^T$，$\boldsymbol{\theta}_b = [\theta_{b,1}, \cdots, \theta_{b,i}, \cdots, \theta_{b,n}]^T$；$1 \leqslant i \leqslant n$ 分别表示机械臂在第 1 段轨迹和第 2 段轨迹的各个关节角度；n 为机械臂自由度；T_1、T_2 分别为第 1 段轨迹和第 2 段轨迹的运行时间。经过一系列转换后，算法优化的参数即为中间点角度 $\boldsymbol{\theta}_m$、角速度 $\dot{\boldsymbol{\theta}}_m$、两段轨迹时间参数 T_1 和 T_2 共有 $2n+2$ 个参数。

将机械臂在障碍物存在条件下的运动规划问题描述为一个多目标优化问题，即

$$\min\left(\sum_{i=1}^n \Delta\theta_i, \Delta L \right) \tag{3-3}$$

$$\text{约束条件：} f_{\text{obs}} = \text{False}$$

式中，$\Delta\theta_i$ 为机械臂关节 i 角度累积变化量；ΔL 为机械臂末端累积变化量。为了方便启发式算法求解，将约束条件加入到目标函数中，设置适应度函数为

$$f_{\text{F}} = -\frac{\text{int}(1 - f_{\text{obs}})}{\eta_1 \sum_{i=1}^n \Delta\theta_i + \eta_2 \Delta L} \tag{3-4}$$

式中，f_{obs} 为机械臂是否发生碰撞；η_1，η_2 为平衡关节角变化量和末端变化量参数。针对关节角累积变化量、机械臂末端累积变化量和是否碰撞的计算，本部分通过对多项式轨迹模型采样，每一个采样点均在理想无噪声环境中进行正运动学求解，计算上述 3 项的值。

（2）SAC 与环境交互学习 首先定义 MDP$<O, A, P, R, \gamma>$，γ 为折扣系数，由人为确定。O、A、P 相关参数见表 3-1。

表 3-1　静态场景下 MDP 观测空间、动作空间、状态转移函数设置

名称	组成	范围	类型	意义
观测空间 O	$q \in R^n$	$[-2\pi, 2\pi]$	连续	当前关节角
	$q_{\text{T}} \in R^n$	$[-2\pi, 2\pi]$	连续	目标关节角
	$d_{\text{obs}} \in R^3$	$[0, 50] \rightarrow [-1, 1]$	连续	各杆件到障碍物的最小距离

（续）

名称	组成	范围	类型	意义
动作空间 A	$a_l \in R^n$	$[-1,1]$	连续	上一次动作
	$\Delta q \in R^n$	$[-1,1]$	连续	机械臂关节增量
状态转移函数 P	α_a	0.05	常量	动作缩放系数
	$o \in R^n$	$N(0,1) \cdot [-2\pi, 2\pi] \cdot 0.5$	连续	环境噪声

如前所述，在障碍物存在条件下的机械臂运动规划存在两个主要目标，即避障和到达目标点，到达目标点可以通过动作得到比较好的反馈，但避障目标仅仅通过关节角的动作很难得到反馈，因此运动规划过程中的避障对于算法来说是一个挑战。本部分提出了模型驱动的奖励函数，如下：

$$R(o) = \begin{cases} R_{suc}, & ||q-q_T||_2 < \varepsilon \\ R_{out}, & q>2\pi \text{ 或 } q<-2\pi \\ R_{ob}, & f_{obs}(q) = \text{True} \\ R_T + R_a + R_F, & \text{其他} \end{cases} \tag{3-5}$$

式中，$q=o[:n]$，$q_T = o[n:2n]$；R_{suc} 表示机械臂成功到达目标关节角的奖励，机械臂到达目标点的判断条件为机械臂当前关节角与目标关节角在可允许的误差 ε 内；R_{out} 表示机械臂超出关节角限制的惩罚项；R_{ob} 表示机械臂撞到障碍物的惩罚项；$f_{obs}(q)$ 表示机械臂是否发生碰撞。$R_T + R_a + R_F$ 表示其他情况下的奖励函数，以下对各部分进行说明。

1）目标引导项 R_T。本部分利用当前关节角与目标关节角的欧氏距离的相反数作为机械臂目标引导部分的奖励，即

$$R_T = -||q-q_T||_2 \tag{3-6}$$

2）动作幅度惩罚项 R_a。为了保证机械臂运动的连续性和平滑性，对于前后动作幅度过大的情况给出一定量的惩罚

$$R_a = \begin{cases} -0.5||a-a_l||_2, & (a-a_l)(a-a_l)^T > 0.1n \\ 0, & \text{其他} \end{cases} \tag{3-7}$$

3）固定惩罚项 R_F。为了避免机械臂陷入"懒惰"，增加了固定惩罚项

$$R_F = \begin{cases} -1, & ||q-q_T||_2 > 1 \\ 0.1, & \text{其他} \end{cases} \tag{3-8}$$

（3）从专家数据中学习　为了减少 SAC 算法前期的训练时间，加速算法收敛，智能体需要从专家数据库中进行学习。为了确保在专家数据库中学习的模型具有良好的泛化性能，可通过调整智能优化算法的超参数，产生一系列轨迹数据。另外，可在专家数据库中加入一定比例的随机动作数据，以更好地拟合实际数据分布。出

于提升算法泛化性的考量，智能体前期主要从专家数据库 D_m 中抽取数据进行学习，后期主要从自身数据库 D_{RL} 中抽取数据进行学习。具体来说，智能体以比例 λ 从专家数据库中抽取数据，以比例 $1-\lambda$ 从自身数据库中抽取数据，λ 随着训练时间的增大而不断变小。

在理想轨迹中采样得到的仅是组成轨迹的离散关节角，动作可以用前后关节角相减得到，因此从多项式轨迹中仅能得到当前状态信息和动作信息，与强化学习经验池中的五元组 $<s,a,s_-,r,d>$ 还有差距，需要进一步处理。由于专家数据是在理想无噪声环境下产生的理想轨迹，与真实环境有差距，因此将通过理想轨迹得到的当前状态和动作输入到真实环境中，得到完整的五元组信息，直至轨迹采样完成。如此，本部分并没有利用多项式轨迹与环境进行完整交互，而是得到离散的五元组信息，以减少环境噪声对于专家数据的干扰。

为了验证算法性能，本部分在仿真环境中对算法进行了测试。GP-P-SAC 算法及其他对比算法的相关参数设置见表 3-2，所有算法均选择 Adam 学习器。

表 3-2　静态场景下算法相关参数设置

名　　称	值	意　　义
batch_size	512	批量数据大小
bufffer_size	1×10^6	经验池大小
γ	0.98	折扣系数
β	0.95	软更新参数
α	0.2	温度系数
lr_policy	0.002	策略网络学习率
lr_actor	0.004	价值网络学习率
lr_alpha	0.002	温度系数学习率

本部分选择了常用的 SAC、TD3、DDPG 算法与本部分提出的 GP-P-SAC 算法进行了对比，同时对比了 GA 和 PSO 优化多项式轨迹模型的算法（以下简称 GP-P 算法）。

（1）学习效率对比　算法的回合奖励随回合数的变化如图 3-7 所示。可见，本部分提出的 GP-P-SAC 算法对比其他算法能够快速收敛，大约在第 100 个回合就完成了收敛，同时最终收敛的奖励值也较好。通过观察图中阴影部分可以看到，提出的 GP-P-SAC 算法对于随机种子也不敏感，算法鲁棒性更强。

图 3-8 展示了成功率的变化曲线，与图 3-7 展示的效果一致，说明 GP-P-SAC 能够较快收敛，而且在静态场景中能够较快达到 100% 成功率。

为了更好地评价算法的学习效率，制定如下所示的量化评价指标。E_1 越大表明算法的学习效率越高。

$$E_1 = \frac{r_\mu}{e_{idx}} \tag{3-9}$$

式中，r_μ 为不同随机种子下的最终奖励均值；e_{idx} 为算法收敛的回合索引均值，当算法满足以下条件时，认为算法收敛，对应的不同随机种子下的回合数均值即为 e_{idx}。

① 回合数从 0 开始计算，在某一随机种子下某一回合的回合奖励与最终奖励的绝对值不超过 10；

② 在满足条件①的基础上，在以后连续十个回合均满足条件①。

如果算法最终未能达到上述条件，那么 e_{idx} 为最大回合数，在上述的量化标准下，计算各个算法的学习效率指标，结果见表 3-3。可见，GP-P-SAC 算法学习效率最高，虽然其最终奖励值与 SAC 算法差别不大，但其能更快收敛。

（2）算法鲁棒性对比　除学习效率外，本部分还对算法的鲁棒性进行量化评价，如下所示，R 越小则表明算法鲁棒性越好。

$$R = \frac{\sum_1^n \sigma_{seed}}{n} + \sigma_{global} \tag{3-10}$$

式中，n 为随机种子数量；σ_{global} 为不同随机种子下最终奖励值的标准差；σ_{seed} 为某一随机种子下回合奖励的标准差，其利用算法训练后 50 次的回合奖励进行求解。不同算法的鲁棒性对比结果见表 3-3。

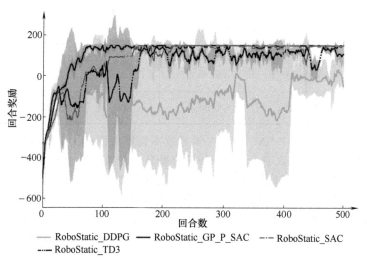

图 3-7　静态场景下回合奖励变化曲线

注： 图中每条曲线代表某一算法在多个随机种子下的回合奖励平均值，阴影部分代表标准差，并不是最大最小范围。为了方便图形显示，曲线均做了平滑处理。下同。

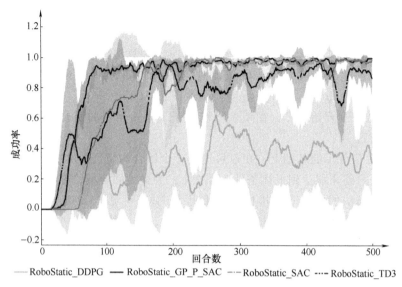

图 3-8　静态场景下成功率变化曲线

表 3-3　静态场景下不同算法指标对比

算法	最终奖励值	收敛回合数	学习效率	鲁棒性	最终成功率
GP-P	$-100.06^{+221.22}_{-427.28}$				0.71
DDPG	$-61.57^{+8.26}_{-7.94}$	$201.50^{+263.50}_{-184.50}$	-0.31	81.45	0.5
TD3	$137.83^{+10.16}_{-29.68}$	$240.75^{+202.75}_{-259.25}$	0.57	89.00	0.75
SAC	$148.16^{+0.33}_{-0.21}$	106.00^{+51}_{-35}	1.40	9.03	0.93
GP-P-SAC	$148.52^{+0.15}_{-0.08}$	76.00^{+18}_{-11}	1.95	8.22	1.0

从表 3-3 可知，GP-P-SAC 算法在学习效率和算法鲁棒性上均取得了最优结果，相比 SAC 算法，在学习效率上有 39.29% 的提升，在鲁棒性上有 8.97% 的提升。

为了更具体地体现不同算法下机械臂的运动规划过程，本部分选取了 Epoch 为 0、100、300、499 时不同算法的运动过程进行了展示，如图 3-9 所示。可见，虽然算法基本都能成功到达目标点，但末端运动轨迹不同，DDPG 运动过程中的冗余点较多。相比较而言，GP-P-SAC 和 SAC 运动轨迹冗余点很少，轨迹很平滑，与多项式理想轨迹很相似。

注：图中强化学习算法选取了最初、Epoch = 100、Epoch = 300 和训练终止情况下的机械臂运动过程，PSO 和 GA 算法是在专家数据里随机抽取的四组运动规划过程。每一个 Epoch（完整运动过程）截取了初始状态、$t/3$ 时刻、$t/2$ 时刻和最终状态 t 时刻的运动过程。

图 3-9　静态场景下机械臂运动过程

利用 GP-P-SAC 进行静态障碍物条件下的机械臂运动规划过程中，各个杆件到障碍物最小距离的变化如图 3-10 所示。各杆件距离均大于设置的障碍物碰撞阈值（15），机械臂可以成功完成避障。机械臂各关节角变化如图 3-11 所示，可见关节变化比较平滑，无明显突变点。

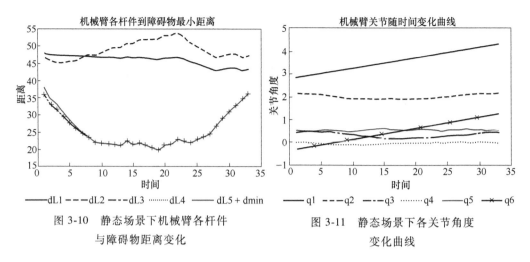

图 3-10　静态场景下机械臂各杆件
与障碍物距离变化

图 3-11　静态场景下各关节角度
变化曲线

注：图中 dL4 和 dL5 重合，只显示了 dL5 一条线。这是因为选用的 puma560 最后
两个关节的位置没有发生变化，只在姿态有变化。

2. 动态噪声场景下的机械臂运动规划

本部分将展示动态障碍物有噪声场景（以下简称为动态场景）下的机械臂运动规
划算法，如图 3-12 所示。对比图 3-5 所示的静态场景，运动障碍物条件下的运动规划也
更加困难。

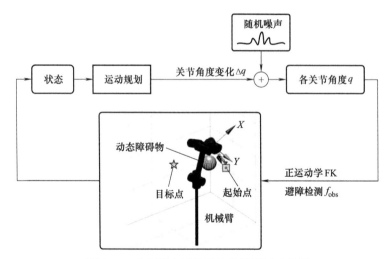

图 3-12　动态噪声场景下的机械臂运动规划

模型驱动的 MPC 算法和数据驱动的 SAC 算法均可以解决动态环境下的避障问
题，但 MPC 难以消除模型误差，SAC 训练时间过长，不可解释性下安全性也不能
严格保证。因此考虑融合二者优势，提出 MPC-SAC 算法，在数据驱动的 SAC 算法
的动作输出层增加 MPC 进行局部优化，增加机理模型的引导加速训练，同时保证

动作输出的安全性。另外，即使在不准确模型的评估下，MPC-SAC 依然可以输出优质动作，其框架如图 3-13 所示。

以下展示动态场景下的 MDP 建模相关变量见表 3-4。

表 3-4 动态场景下 MDP 观测空间、动作空间、状态转移函数设置

名称	组成	范围	类型	意义
观测空间 O	$q \in R^n$	$[-2\pi, 2\pi]$	连续	当前关节角
	$q_T \in R^n$	$[-2\pi, 2\pi]$	连续	目标关节角
	$d_{obs} \in R^3$	$[0,50] \rightarrow [-1,1]$	定值	各杆件到障碍物的最小距离
	$p_{obs} \in R^3$	$[-1,1]$	连续	障碍物位置
动作空间 A	$a_1 \in R^n$	$[-1,1]$	连续	上一次动作
	$\Delta q \in R^n$	$[-1,1]$	连续	机械臂关节增量
状态转移函数 P	α_a	0.05	常量	动作缩放系数
	$o \in R^n$	$N(0,1) \cdot [-2\pi, 2\pi] \cdot 0.5$	连续	环境噪声

本部分设计的奖励函数基本与静态场景中一致，但为了在动态障碍物环境下更好地引导智能体完成避障，在常规奖励函数增加了一项避障引导项

$$R(o) = \begin{cases} R_{suc}, & ||q-q_T||_2 < \varepsilon \\ R_{out}, & q > 2\pi \ \text{或} \ q < -2\pi \\ R_{ob}, & f_{obs}(q) = \text{True} \\ R_T + R_a + R_{d-ob} + R_F, & \text{其他} \end{cases} \tag{3-11}$$

式中，R_{d-ob} 表示避障引导项，具体计算方式如下：

$$R_{d-ob} = \begin{cases} d_s - \min(d), & \min(d) < d_s \\ 0, & \text{其他} \end{cases} \tag{3-12}$$

式中，$d_s = r_L + r_o + r_{safe} + 5$；$\min(d)$ 通过机械臂正运动学求解。

MPC 通过最小化损失函数输出预测时域 H 内的最优动作，如果将强化学习中奖励函数的相反数用作损失函数，那么 MPC 的目标函数可写为

$$\begin{aligned} J_{MPC} &= \min \sum_{h=1}^{H} L(x_h, u_h, p) \\ &= \min \sum_{h=1}^{H} -R(s_h, a_h) \\ &= \max \sum_{h=1}^{H} R(s_h, a_h) \end{aligned} \tag{3-13}$$

如此便建立了 MPC 与强化学习之间的联系。在 MPC-SAC 中，利用 MPC 对策略网络进行多次采样，选取局部最优动作输出，而不是仅仅采样一个动作。这样，

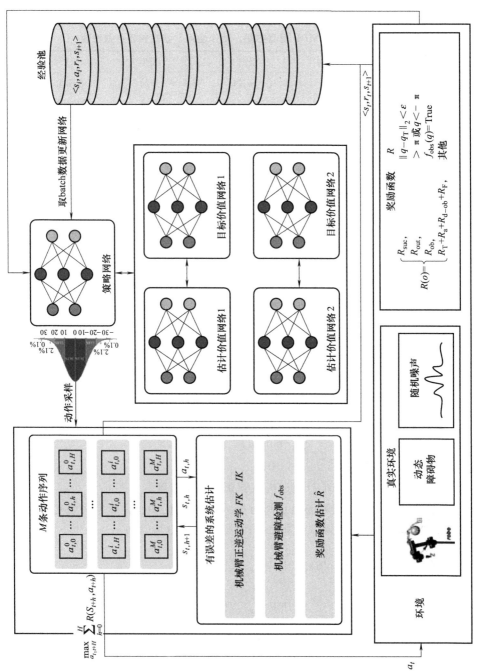

图 3-13 MPC-SAC 算法框架

本算法就拥有了两个闭环控制，如图 3-14 所示。外部闭环控制为强化学习与环境的交互，内部闭环为 MPC 和估计模型的局部优化。在策略网络后增加 MPC 局部优化一方面能够有效提升算法数据利用率，另一方面可以为算法提供更加安全的动作输出。

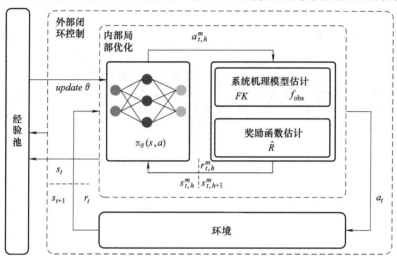

图 3-14　MPC-SAC 的内外闭环控制

本算法详细流程如下：

在时刻 t，环境真实状态为 s_t，MPC 针对 M 个动作序列预测此后的 H 个时域。在时刻 $t+h$，针对第 m 条动作序列，对于环境的状态估计为 $s_{t,h}^m$，策略网络 $\pi_\theta(a \mid s)$ 根据状态 $s_{t,h}^m$ 输出关于动作的分布 $N(\hat{\mu}, \hat{\sigma})$。然后，在动作分布中，采样动作 $a_{t,h}^m \sim \pi_\theta(\cdot \mid s_{t,h}^m)$，针对 $(s_{t,h}^m, a_{t,h}^m)$ 输入到的系统估计 $\hat{f}$，产生新的环境状态 $s_{t,h+1}^m$。接着，根据奖励函数对动作对应的奖励 $r_{t,h}^m$ 求解，并将 <$s_{t,h}^m$, $a_{t,h}^m$, $s_{t,h+1}^m$, $r_{t,h}^m$, done> 加入经验池中。最后针对 M 个动作序列，选取累积奖励 r^m 最大的动作序列的第一个动作作为输出动作进行输出，即

$$a_t = \mathrm{argmax}\, r^m (A_t^m)[0], 1 \le m \le M \tag{3-14}$$

式中，$A_t^m = [a_{t,1}^m, a_{t,2}^m, \cdots, a_{t,h}^m]$。

在所设计的动态场景下的机械臂仿真环境中，本部分选择在机器人任务中常用的强化学习算法 SAC、TD3、DDPG 算法和 MPC 算法进行对比。相关实验结果如下：

（1）学习效率和算法鲁棒性对比　各个算法的回合奖励随回合数的变化如图 3-15 所示，成功率随回合数的变化曲线如图 3-16 所示。可见，本部分提出的 MPC-SAC 算法对比其他算法能够快速收敛，大约在第 50 个回合就完成了收敛，同时最终收敛的奖励值也较高。

同时，本部分利用提出的学习效率和算法鲁棒性评价指标对不同算法进行了具体计算，其结果见表 3-5。可见，本部分提出的 MPC-SAC 算法在各个指标下均取得了最优效果。对比 SAC 算法，MPC-SAC 算法在学习效率上有 75.44% 的提升，

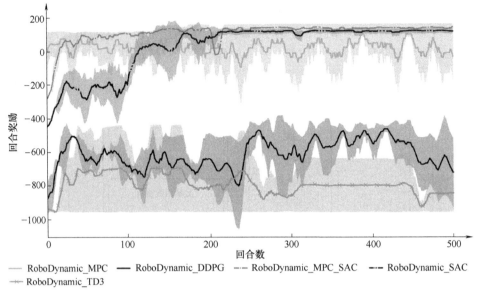

图 3-15   动态场景下回合奖励变化曲线

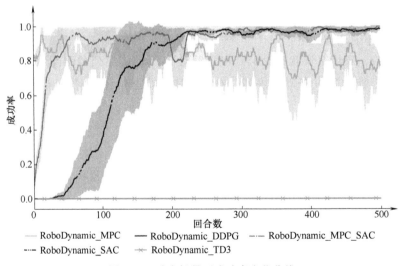

图 3-16   动态场景下成功率变化曲线

在鲁棒性上有 21.81% 的提升。

（2）**运动规划结果对比**   为了更加具体地显示各个算法的运动规划效果，本部分选取各个算法在 Epoch 为 0、100、300 和 499 时的运动过程进行展示，如图 3-17 所示。可见，DDPG 算法和 TD3 算法直到训练结束都不能到达目标点，并且离目标点偏差较大，算法探索不够。MPC 算法虽然能够成功规划出路径，但是末端移动路径并不是很平滑。而 SAC 和 MPC-SAC 算法均能够规划出比较平滑的末端移动路径。

表 3-5　动态场景下不同算法指标对比

算法	最终奖励值	收敛回合数	学习效率	鲁棒性	最终成功率
MPC	$65.59_{-35.35}^{+35.35}$	$364.50_{-135.5}^{+135.5}$	0.18	222.63	0.67
DDPG	$-737.84_{-216.48}^{+288.64}$	$283.33_{-130.33}^{+180.67}$	-2.60	303.89	0
TD3	$-846.12_{-108.12}^{+108.12}$	383_{-83}^{+83}	-2.21	153.83	0
SAC	$95.54_{-30.86}^{+52.95}$	$168.75_{-50.75}^{+64.25}$	0.57	58.56	1.0
MPC-SAC	$136.74_{-51.72}^{+30.27}$	$136.25_{-8.25}^{+10.75}$	1.00	45.79	1.0

a) DDPG　　　　　　　　　　　b) MPC

c) TD3　　　　　　　　　　　d) SAC

e) MPC-SAC

图 3-17　动态场景下机械臂运动过程

MPC-SAC 算法在动态环境下机械臂各杆件到障碍物的最小距离变化如图 3-18 所示，在各个时刻均能保证所有杆件与障碍物的距离大于安全阈值（15），未与障碍物发生碰撞。机械臂各关节角度随时间变化如图 3-19 所示，可见，机械臂各关节角变化平滑，在各个时刻均未超出关节角限制。

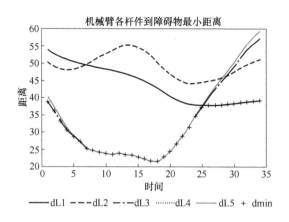

图 3-18　动态场景下机械臂各杆件与障碍物距离变化

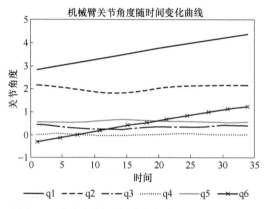

图 3-19　动态场景下各关节角度随时间变化曲线

注：图中 dL4 和 dL5 重合，只显示了 dL5 一条线。这是因为选用的 puma560 最后两个关节的位置没有发生变化，只是姿态有变化。

3.3　智联生产线的多模态数据增量学习模型研究

随着自动化、信息化、智能化等技术在制造业中的广泛应用，在生产过程中必然会产生大量的多源异构数据。从数据的来源来看，各种机器设备、工业传感器等在运行和维护过程中都会产生大量的数据。从数据结构类型来看，这些海量多源异构数据既包括设备监测数据、产品质量检测数据、能耗数据等结构化数据，还包括生产监控系统产生的大量图片、视频等非结构化数据。因此，针对产线大量产生的以图像、声音、传感器等为载体多模态数据，如何在工业产品质量检测、机器人运行、人机协同等场景建立可泛化、可增量学习的人工智能模型将更好地实现生产过程的自主协同。本节将结合处理零件变化、形状测量、易受照明条件影响、有限对比度补偿、对物体运动敏感等5类工业场景中的三维目标检测技术简要阐述相关研究内容，如图3-20所示。

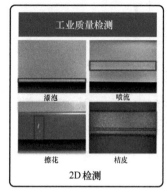  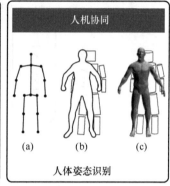

图3-20 基于三维目标检测的工业场景多模态数据增量学习

3.3.1 工业场景的三维目标检测网络架构

工业场景下的三维目标检测算法的网络总体架构如图3-21所示。整体网络由3个部分组成：①动态区域并行采样（Dynamic Region Parallel Sampling，DRPS）模块：首先以一阶段区域提案网络中的三维提案作为输入，通过融合提案中心区域关键点采样法和动态最远体素采样法，将它取名为动态区域并行采样法，来分区域并行地完成采样关键点的工作；②图结构学习（Graph Structure Learning，GSL）模块：将采样点作为图结点，为每个三维提案构建局部图，然后对已经构建的图进行迭代，以挖掘结点之间的几何特征，最后将图聚合，以充分利用每个结点产生的具有鲁棒性的特征；③多头自注意力（Multi-head Self Attention，MHSA）模块：通过计算当前节点与全局范围内节点的特征相似度，获得其他节点对当前节点的贡献度，并用贡献度矩阵和全局节点特征更新当前节点的特征向量，从而提高特征表征能力，更好地关注图信息聚合后的重要关系。

3.3.2 动态区域并行采样方法

关键点采样对三维目标检测的效果有着至关重要的影响，而现在主流的关键点采样基本上存在着两个问题：①检索区域建议框及建议框周围的所有点，这样会产生大量对细化建议框毫无用处的背景点，而冗余背景点将导致耗时过长；②忽略点在物体的不同部分是不均匀分布的。

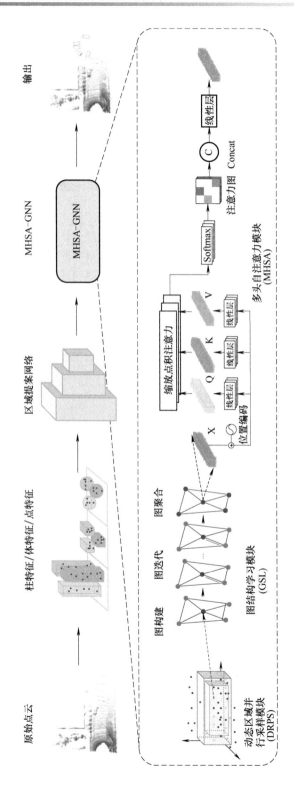

图 3-21　网络整体架构

为了解决上述问题，提出了动态区域并行采样法：首先将建议框放大相应的倍数的区域设置为采样区域，接着按照激光雷达点的径向分布将整个场景划分为几个扇区，保持关键点均匀分布的同时加速采样过程，最后，使用改进的动态最远体素采样法对采样区域关键点进行动态采样。动态区域并行采样法采样过程如图 3-22 所示。其中，圆点表示为点云，方块为最终采样点，实线框为三维建议框，虚线框为关键点采样框，灰色虚线为区域划分参考线。

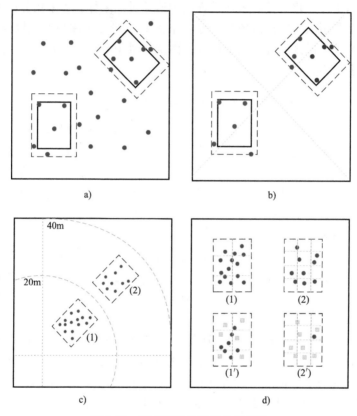

图 3-22　动态区域并行采样示意图

1. 采样区域过滤

为了更好地将关键点集中在更重要的区域，并降低采样过程的复杂度，在关键点采样之前，将建议框等比例放大 τ 倍（$\tau > 1$）的范围设置为采样范围。具体来说，将 N 个三维建议框表示为

$$P = \left\{ [x_i, y_i, z_i, l_i, w_i, h_i] \mid \{x_i, y_i, z_i, l_i, w_i, h_i\} \in \mathbb{R} \right\}_{i=1}^{N} \quad (3\text{-}15)$$

式中，x_i, y_i, z_i, l_i, w_i, h_i 分别表示建议框的中心点位置和建议框的大小，显然，将建议框放大 τ 倍所形成的采样区域为

$$S_A = \left\{ [x_i, y_i, z_i, \tau l_i, \tau w_i, \tau h_i] \mid \{x_i, y_i, z_i, l_i, w_i, h_i, \tau\} \in \mathbb{R}, \tau > 1 \right\}_{i=1}^{N} \quad (3\text{-}16)$$

式中，S_A 为采样区域；x_i, y_i, z_i 为采样区域的中心点；τl_i, τw_i, τh_i 为采样区域

的大小。

通过区域过滤，采样候选关键点的数量大幅度减少，在 KITTI 公开数据集进行的实验结果表明，采样候选关键点的数量少于未经过滤候选关键点的一半。因此，通过区域过滤，既降低了后续采样关键点的复杂度，又提升了前背景点的比例，这样能更好地对建议框相邻区域进行编码。

2. 并行采样区划分

为了进一步并行化关键点采样过程以加速关键点采样，可采用分区关键点采样策略，该策略利用激光雷达点的径向分布来更好地并行化和加速关键点采样过程。具体来说，经过采样区域过滤的采样区，围绕场景中心划分为 m 个区域，则第 j 个区域的点集表示为：

$$S_j = \left\{ p_i \,\middle|\, \left(\arctan\left(p_i^y, p_i^x\right) + \pi\right) \cdot \frac{m}{2\pi} = j - 1 \right\} \tag{3-17}$$

式中，$j \in \{1, \cdots, m\}$，$p_i = (p_i^x, p_i^y, p_i^z) \in S_A$。采样 n 个关键点的任务，划分为 m 个采样关键点子任务，这些子任务能够在 GPU 中并行运算，从而将关键点采样的时间规模降为原来的 $1/m$。值得注意的是，因为考虑到激光雷达传感器产生点的径向分布，所以这种分组方式能够在每个组中产生相似数量的点。这一效应对加速采样关键点至关重要，因为整体运行时间取决于拥有最多点的组。

3. 关键点采样

为克服主流三维目标检测器在关键点采样过程中，处理点在物体不同部分点分布不均匀的问题，改进动态最远体素法，离场景中心点近的物体，通常候选采样点较多，故使用较大的体素来降低采样复杂度，而对于具有稀疏点的远处物体，则可以使用相对较小的体素来保留几何细节。

具体而言，首先将采样区域 S_A 划分为均匀分布的体素，然后迭代采样距离最远非空体素，考虑到每个采样区域候选关键点的数量是受采样区域到场景中心点距离影响的，因此为了保证近距离物体的采样效率和远距离物体的采样精度，体素大小需要随着距离的变化而动态变化。体素的大小 V_i 可以表示为

$$V_i = \frac{\delta}{\sqrt{x_i^2 + y_i^2 + z_i^2}} + \mu \tag{3-18}$$

式中，(x_i, y_i, z_i) 为采样区域的中心点；δ 和 μ 为超参数，用来确定体素大小和场景中心点到采样区域中心点距离的关系。采样区域划分体素网格后，在对体素网格内的候选关键点使用最远点采样法对非空体素进行迭代采样。

对于离场景中心较远的采样区域，较小的体素网格会将采样区域划分为较多的体素，因为离场景中心越远采样点越稀疏，导致远处很多体素网格都是空体素。假如使用数组来对非空体素进行索引，会造成较大的内存开销，而使用哈希表来记录非空体素网格索引，又存在哈希表冲突的问题。所以使用 Octree 来记录非空体素网格索引，它的优点在于能够自适应地划分空间，同时也可以很好地处理稀疏数

据。在三维目标检测中，使用 Octree 可以方便地索引非空体素，并且可以在不同层级上进行不同分辨率的检测。

3.3.3　图结构学习模型

图结构学习的目的是能够有效地提取局部信息，通过图结点相互连接特性学习特征之间的相互作用关系，以增强局部信息并扩大连通性。它由 3 部分组成，即图的构造、图的迭代和图的聚合。为了构建初始图，通常会采用 k 近邻法，然后设计图结构学习器，通过度量函数或可学参数来细化初始图，使用 GNN 编码器将节点特征传播到其细化的领域，会获得一个优化邻接矩阵，重复迭代最后两个步骤以获得最终的图拓扑。图结构学习模块网络结构如图 3-23 所示。

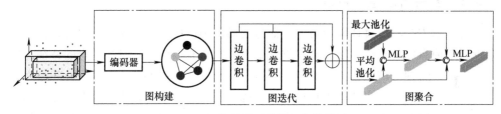

图 3-23　图结构学习模块网络结构图

1. 图的构造

本部分构造的局部图 G 可以定义为 $G = (V, E)$，其中，V 表示为顶点 $v_i \in \mathscr{V}$ 集合，$E = \{e_{i,j} | v_i, v_j \in \mathscr{V}\}$ 表示顶点之间的连通性，所有单元格顶点及其关系都可以被视为图，为了减少计算开销，将 G 定义为 k 近邻图（k-NN），该图由不同节点之间的几何距离构建而成。尽管将 G 定义为 k-NN 效率很高，但在下采样点上构建图形不可避免地会损失细粒度特征。因此，可以使用 PointNet 对每个节点半径 r 内的原始邻居点进行编码。因为它只针对每个建议框进行，所以邻居查询只会引起边际计算开销。

2. 图的迭代

我们在局部图 G 上迭代传递消息，并在每个迭代步骤更新节点的状态，以挖掘节点之间丰富的几何关系。具体来说，给定一个局部图 G，图卷积操作 F 从给定节点 v_i 的邻域 $N^{(k)}(v_i)$ 聚集 k 个节点的特征，卷积操作 F 通过聚合相邻节点之间的特征来更新给定节点的值，可表示为

$$F(G_\ell, W_\ell) = Update\left[Aggregate(G_\ell, W_\ell^a), W_\ell^u\right] \tag{3-19}$$

$$G_{\ell+1} = \mathcal{F}(G_\ell, G_\ell) + G_\ell \tag{3-20}$$

式中，$Aggregate$ 为聚合函数，用于将节点或边的邻居信息进行聚合；$Update$ 为更新函数，用于将聚合后的信息更新到当前节点或边的特征表示中；G_ℓ 为第 ℓ 层的节点或边的特征表示；W_ℓ 表示第 ℓ 层的权重矩阵。上述公式是一个泛化公式，更具体说，使用 EdgeConv[1] 来更新节点状态。

3. 图的聚合

为了更新聚合全局特征向量并解决输出特征的点序不变性问题，GNN 中的池化层用于聚合图结构中提取的点云特征。通常使用均值池化和最大池化函数，但这两种函数倾向于学习不同的点云特征，例如，最大池化更关注边缘部分，而均值池化更注重分布信息。因此，为了获得更丰富的全局特征，将综合使用这两种池化函数。首先，对边缘特征进行最大池化和均值池化操作，得到特征向量 M 和 A。然后将 M 和 A 串联，并通过 MLP 降维得到关于最大和均值池化的特征向量 Z。接下来，对 M、A、Z 进行相同操作，得到一个全局特征 X。同时，在后续的 MLP 中使用 Dropout 来减少过拟合。

3.3.4 多头自注意力机制

自注意力模块通过计算当前点特征与全局范围内所有点特征的相似度，得到每个点对当前点的贡献度。然后基于贡献度矩阵和所有点的特征对当前点的特征进行更新，从而得到当前点新的特征向量。当前主流方法使用 PointNet 捕获局部点之间的关系，但它对远距离和遮挡物特征编码能力较弱。为了更好地关注图中领域的重要关系，忽略无关的联系，捕获远距离的依赖关系，减少对外部信息的依赖，提高特征的表征能力，要避免直接使用自注意力机制，而是将多头自注意力机制与减法自注意力机制融合，同时引入位置编码。

具体而言，假设图聚合特征为 X，经过位置编码后为 X，因为融合减法自注意力机制，所以 $Q_i = X W_i^q - X W_i^k$，$K_i = X W_i^k$，$V_i = X W_i^v$，分别表示查询向量（Query）、键向量（Key）和值向量（Value），其中，W 表示可学习权重。对查询向量和键向量进行点积操作，得到一个分数向量后，对分数向量进行 softmax 操作，得到一个概率分布向量，用于表示每个键向量对当前查询向量的重要性。之后将概率分布向量与值向量相乘，得到加权后的值向量。对加权后的值向量进行求和操作，得到最终的自注意力向量 Z_i。第 i 个头的自注意向量为

$$Z_i = softmax\left(\frac{Q_i K_i^{\mathrm{T}}}{\sqrt{d_k}}\right) V_i \tag{3-21}$$

最终自注意特征向量可表示为

$$Z = Concat(Z_1, Z_2, \cdots, Z_8) W^{\sigma} \tag{3-22}$$

式中，$softmax$ 表示 softmax 函数；$Concat$ 表示为拼接操作；W^{σ} 是拼接后的向量乘以的权重矩阵。最后，使用传统的前馈网络和残差算子对具有全局依赖关系的逐点语义特征进行聚合。

3.3.5 损失函数设计

在三维目标检测中，不同类别物体的数量往往是不平衡的，比如背景类别的样

本数往往远大于目标类别的样本数，这样在使用普通交叉熵损失函数时，模型更容易将分类错误的样本分到背景类别中。而 Focal Loss 损失函数[2] 通过降低易分类的样本的权重来缓解这个问题，使得模型更加关注难分类的样本，从而提高模型对少数类别的识别能力。故这里采用 Focal Loss 损失函数来替换交叉熵损失函数来计算分类损失。

$$L_{cls} = \begin{cases} -\alpha(1-p)^{\gamma}\ln p, y=1 \\ -(1-\alpha)p^{\gamma}\ln(1-p), 其他 \end{cases} \tag{3-23}$$

式中，p 为预测概率；α 为权重因子，用来平衡正负样本重要性；γ 为调制因子，用来调节样本权重降低的速率；y 为真值的类别，$y=1$ 时预测概率为 p。位置坐标损失函数可用于衡量模型对目标位置的预测效果。采用平滑 L1 损失函数[3]，将其表示为

$$L_{loc} = \frac{1}{N}\sum_{i=1}^{N} smooth_{L1}(t_i - t_i^*) \tag{3-24}$$

式中，t_i 表示第 i 个点的预测位置坐标；t_i^* 表示第 i 个点的真实位置坐标；$smooth_{L1}$ 表示平滑 L1 函数。方向角度损失函数可用于衡量模型对目标方向角度的预测效果。同样采用平滑 L1 损失函数，将其表示为

$$L_{dir} = \frac{1}{N}\sum_{i=1}^{N} smooth_{L1}(d_i - d_i^*) \tag{3-25}$$

式中，d_i 表示第 i 个点的预测方向角度；d_i^* 表示第 i 个点的真实方向角度；$smooth_{L1}$ 表示平滑 L1 函数。为了保持图结构的平滑性，防止网络过拟合，引入 Graph Regularization 损失函数[4]，将其表示为

$$L_{reg} = tr(\boldsymbol{H}^{T}\boldsymbol{L}\boldsymbol{H}) \tag{3-26}$$

式中，$\boldsymbol{L}$ 表示 Laplacian 矩阵，是一种图论中的矩阵表示方式。它描述了图中每个节点之间的连接关系，$tr(\cdot)$ 表示矩阵的迹运算；$\boldsymbol{H}$ 是节点特征矩阵。

总体损失函数为

$$L_{total} = L_{cls} + aL_{loc} + bL_{dir} + cL_{reg} \tag{3-27}$$

式中，a、b、c 为超参数，用于调节各个损失函数对总损失函数的影响程度。

3.3.6 实验与结果分析

1. 实验环境与训练细节

本实验在具有两块 NVIDIA GeForce RTX 2080Ti GPU 的服务器上进行，操作系统为 Ubuntu20.04 64 位操作系统，CUDA 版本为 11.1，CUDNN 版本为 8.0.5，采用的深度学习框架为 pytorch1.10。算法基于 OpenPCDet 代码框架实现，同时提出

了 MHSA-GNN Pi、MHSA-GNN Vo、MHSA-GNN Po，它们分别使用基于柱的 Point-Pillars 网络、基于体素的 SECOND 网络和基于点的 PointRCNN 网络作为它们的区域建议网络（Region Proposal Network，RPN）的生成网络。

2. 算法性能对比

算法模型是由 KITTI 数据集中的 train 数据集上训练而来的，为了能够观察到训练过程中模型迭代收敛情况，按照主流做法将 train 数据分为训练集和验证集，样本数分别为 3712 和 3769 组数据，MHSA-GNN 在 KITTI 三维目标检测基准上验证了其有效性。

使用官方 KITTI 测试服务器上的 40 个召回位置计算测试集中汽车类和行人类的平均准确度，并对比在 KITTI 数据集上的主流三维目标检测算法。

表 3-6 和表 3-7 分别展示了在 3D 视角和 BEV 下 Car 类和 Pedestrian 类在 KITTI 测试集中对比算法的检测精度，包括简单、中等和困难难度等级下的平均精度（Average Precision，AP）。对于 Car 类在 3D 视角下和 BEV 下的平均精度，MHSA-GNN 在简单、中等和困难难度等级下都取得了较好的效果，其中 MHSA-GNN Po 在简单和中等难度等级下取得了对比算法中的最优效果。对于 Car 在 BEV 下的平均精度，MHSA-GNN 与主流的三维目标检测相比，同样具有相似或较优的效果，其中 MHSA-GNN Po 在对比的所有算法中最优。而对于 Pedestrian 类，在 3D 视角下和 BEV 下都有较好效果，其中 MHSA-GNN Pi 在中等和困难难度等级下，取得了对比算法中的最优效果。

表 3-6   Car 类在 KITTI 测试集上对比不同算法的性能

方法	方式	Car-AP$_{3D}$（%）			Car-AP$_{BEV}$（%）		
		简单	中等	困难	简单	中等	困难
3DSSD	L	88.36	79.57	74.55	92.66	89.02	85.86
Point-GNN	L	88.33	79.47	72.29	93.11	89.17	83.90
IA-SSD	L	89.31	82.61	77.91	93.39	89.58	84.75
PV-RCNN	L	90.25	81.43	76.82	94.98	90.65	86.14
SRDL	L+I	87.73	80.38	76.27	92.01	88.17	85.43
Fast-CLOC	L+I	89.10	80.35	76.99	93.03	89.49	86.40
HMFI	L+I	88.90	81.93	77.30	93.04	89.17	86.37
MHSA-GNN Pi（本节的）	L	90.50	82.26	77.10	94.80	90.70	86.24
MHSA-GNN Vo（本节的）	L	90.74	82.44	77.18	95.01	90.81	86.31
MHSA-GNN Po（本节的）	L	90.93	82.69	77.56	95.07	90.87	86.77

表 3-7　Pedestrian 类在 KITTI 测试集上对比不同算法的性能

方法	方式	Pedestrian-AP$_{3D}$(%)			Pedestrian-AP$_{BEV}$(%)		
		简单	中等	困难	简单	中等	困难
3DSSD	L	54.64	44.27	40.23	60.54	49.94	45.73
Point-GNN	L	51.92	43.77	40.14	55.36	47.07	44.61
IA-SSD	L	50.86	42.79	39.23	54.61	46.44	42.83
PV-RCNN	L	52.17	43.29	40.29	59.86	50.57	46.74
SRDL	L+I	47.30	39.43	36.99	52.42	44.84	42.56
Fast-CLOC	L+I	52.10	42.72	39.08	57.19	48.27	44.55
HMFI	L+I	50.88	42.65	39.78	55.61	47.77	45.17
MHSA-GNN Pi (本节的)	L	54.59	45.49	41.57	58.82	51.03	47.63
MHSA-GNN Vo (本节的)	L	49.38	40.08	38.70	55.40	46.33	44.31
MHSA-GNN Po (本节的)	L	50.40	43.45	40.26	56.94	48.31	46.63

　　将本节的算法 MHSA-GNN Pi、MHSA-GNN Vo、MHSA-GNN Po 与对应的基准算法 PointPillars、SECOND 和 PointRCNN 进行对比，见表 3-8 和表 3-9。对于 3D 视角下 Car 类的检测，MHSA-GNN Pi 相较于基准算法 PointPillars 在中等难度等级下 AP 提高 7.95%，在困难难度等级下 AP 提高 8.11%。MHSA-GNN Vo 相较于基准算法 SECOND 在中等难度等级下 AP 提高 5.84%，在困难难度等级下 AP 提高 5.41%。MHSA-GNN Po 相较于基准算法 PointRCNN 在中等难度等级下 AP 提高 7.05%，在困难难度等级下 AP 提高 6.86%。对于中等难度等级的 Car 类在 BEV 下的平均精度，MHSA-GNN 对比相应的基准算法分别提高 4.14%、3.33% 和 3.48%，在困难难度等级的 Car 类在 BEV 下的平均精度，MHSA-GNN 对比相应的基准算法分别提高 3.43%、2.09% 和 4.05%。对于 3D 视角下 Pedestrian 类的检测，MHSA-GNN 相较于基准算法，在困难难度等级下 AP 分别提高 2.68%、5.14% 和 4.25%，在 BEV 视角下 Pedestrian 类的检测，MHSA-GNN 相较于基准算法，在困难级别下 AP 分别提高 1.85%、5.46% 和 3.79%。

表 3-8　Car 类在 KITTI 测试集上对比基准算法的性能

方法	AP$_{3D}$(%)			AP$_{BEV}$(%)		
	简单	中等	困难	简单	中等	困难
PointPillars	82.58	74.31	68.99	90.07	86.56	82.81
MHSA-GNN Pi (本节的)	90.50	82.26	77.10	94.80	90.70	86.24
δ	+7.92	+7.95	+8.11	+4.73	+4.14	+3.43

（续）

方法	AP₃D(%)			APBEV(%)		
	简单	中等	困难	简单	中等	困难
SECOND	85.29	76.60	71.77	90.98	87.48	84.22
MHSA-GNN Vo（本节的）	90.74	82.44	77.18	95.01	90.81	86.31
δ	+5.45	+5.84	+5.41	+4.03	+3.33	+2.09
PointRCNN	86.96	75.64	70.70	92.13	87.39	82.72
MHSA-GNN Po（本节的）	90.93	82.69	77.56	95.07	90.87	86.77
δ	+3.97	+7.05	+6.86	+2.94	+3.48	+4.05

表 3-9　Pedestrian 类在 KITTI 测试集上对比基准算法的性能

方法	AP₃D(%)			APBEV(%)		
	简单	中等	困难	简单	中等	困难
PointPillars	51.45	41.92	38.89	57.60	48.64	45.78
MHSA-GNN Pi（本节的）	54.59	45.49	41.57	58.82	51.03	47.63
δ	+3.14	+3.57	+2.68	+1.22	+2.39	+1.85
SECOND	43.04	35.92	33.56	47.55	40.96	38.85
MHSA-GNN Vo（本节的）	49.38	40.08	38.70	55.40	46.33	44.31
δ	+6.34	+4.16	+5.14	+7.85	+5.37	+5.46
PointRCNN	47.98	39.37	36.01	54.77	46.13	42.84
MHSA-GNN Po（本节的）	50.40	43.45	40.26	56.94	48.31	46.63
δ	+2.47	+4.08	+4.25	+2.17	+2.18	+3.79

　　由于长距离的点云更稀疏，所以产生的语义信息较弱，而 MHSA-GNN 模块可用于聚合额外的相邻信息并增强有意义特征关系的权重。实验结果表明，MHSA-GNN 模块应用于基线算法中可以增强语义信息，并提高对远点的检测性能。

3. 结果可视化

　　图 3-24 可视化方案展示了基准算法 PointPillars、SECOND、PointRCNN 和基于

图 3-24　KITTI 测试集下可视化检测结果对比

PointPillars 的 MHSA-GNN Pi 算法、基于 SECOND 的 MHSA-GNN Vo 算法、基于 PonitRCNN 的 MHSA-GNN Po 算法在 KITTI 测试集的定性结果,可以观察到 MHSA-GNN 在不同距离的三维目标检测精度上都有相应的提升,尤其是在远距离下 MH-SA-GNN 算法检测性能较好,这得益于 MHSA-GNN 增强了语义信息的表示,提高了算法对远距离点云数据的敏感度。

3.4 基于数字孪生的智联生产线人机协同控制技术研究

当前,基于虚实融合的机器人操作成为智联生产线在执行端实现自主执行的关键问题和研究热点。在智能工厂作业管控、培训指导、维护巡检、在线诊断与远程指导协作等场景中,通过基于数字孪生模型的虚实操作,不仅可以完成可视化任务、预测运动、训练操作员、实现对未见事件的视觉感知等工作,而且可以提供高效沉浸式体验。国内外已经有多家公司使用基于虚拟现实的解决方案进行生产和工程设计、如西门子、通用电气、日立、大众、ABB 等,主要应用在工艺优化、指导组装、保养、检查、记录与机器人协作流程等方面。

如何基于数字孪生的智联生产线人机协同控制更高效、更柔性地利用各类机器人完成多个场景的协同作业需求,建立融合数字孪生的虚实融合协同作业模型,形成自学习、自执行的人机交互模式,从而支撑更安全可靠的人机物的协同控制是实现智联生产线自主协同控制最后一公里的主要问题。这方面尚存在诸多问题,一是人机交互方法仍存在缺陷,未能充分发挥虚拟现实特有的临场感优势;二是现场大量的数据无法较好地与虚拟模型进行融合控制;三是现场的控制与渲染过程仍存在性能问题。因此,针对上述问题,开展了面向实际生产的人机交互和作业,研究真实现场数据和虚拟模型深度融合的机器人操作技术研究,并在实际生产线中进行了初步应用。

3.4.1 虚实融合系统构建方法

1. 驱动系统构建方法

驱动系统的总体架构由物理实体、机器人数学模型、数字孪生模型、遥操作系统组成。其中物理实体为虚实融合系统在现实空间中驱动的各种硬件。

(1) 物理实体 机器人通过串口将各个传感器采集到的数据传递至计算机内,计算机会对采集到的各项数据进行处理,并根据获取数据的变化生成相应的驱动指令。之后将驱动指令传递给数字孪生模型,驱动数字孪生模型进行相应的变化,同时将处理后的数据传递至数学模型处,通过理论计算获取数字孪生模型变换后的理论解,以此监督数字孪生模型的驱动过程。

(2) 数字孪生模型 该模型是一种将物理实体在虚拟环境中精确映射的技术,它能够实时监测、预测和优化实物系统的运行状态和性能。机器人数学模型包括正向运动学模型以及逆向运动学模型，通过获取机器人各项数据建立起该机器人的数学模型并对其当前状态进行实时更行。在虚实融合系统中，由于虚拟空间与现实空间中数字孪生模型与物理实体间因相互的驱动关系，使得两边的状态往往是独立存在的，在驱动过程中，由于多个关节累积的系统误差，容易在末端执行器处累积较大的误差。因此构建出机器人数学模型，在数字孪生模型完成对机器人各关节的驱动时，通过采集到的各项数据获取各关节及末端执行器的实际位姿，从而对其进行数据驱动。

（3）**遥操作系统** 作为虚实融合系统的客户端，可以将数字孪生模型及数据呈现给操作者，并实现与操作者之间的交互，使得操作者能够在虚拟空间中对物理实体进行控制与操作。遥操作系统在虚实融合系统中扮演着实现现实空间与虚拟空间交互的至关重要的角色。

在虚实融合系统中各部分之间存在着双向驱动关系，物理实体的实时数据可以驱动数字孪生模型的变化，使其与物理实体保持同步。对数字孪生模型的交互也可以操控物理实体，实现虚实融合的目标。因此，本系统实现了数字孪生模型与物理实体之间的高度耦合，使得操作者可以通过遥操作系统精准地控制物理实体，并对其进行实时优化。其架构及驱动关系如图 3-25 所示。

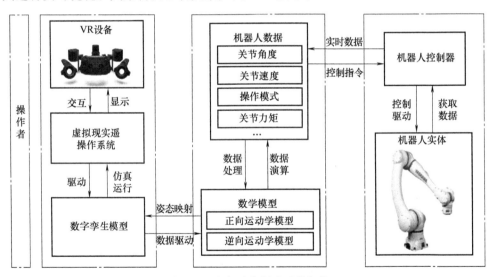

图 3-25　虚实融合驱动系统架构

2. 遥操作系统构建方法

遥操作系统由用户界面（User Interface，UI）模块、操作模块、渲染模块以及控制模块组成，如图 3-26 所示。各个模块之间相互独立，由脚本调用接口进行交互及数据的传输，保证了各个模块间的低耦合度。且各个模块内部由总控脚本协调控制各个分支脚本，通过对分支脚本的增减，可以高效地对系统功能进行调整，广泛适应工业现场的复杂情况，支持便捷的二次开发。

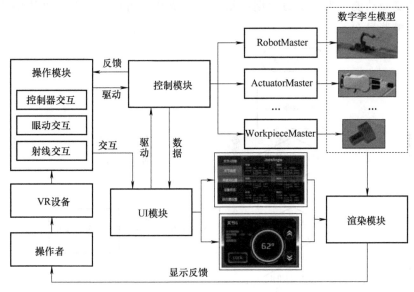

图 3-26 机器人数字孪生模型

控制模块是遥操作系统中直接与现实空间进行通信的模块,其主要功能是通过与数字孪生模型进行交互,为场景中每种设备的数字孪生模型配置独立的驱动脚本,从而实现对物理实体的控制。控制模块不仅负责控制数字孪生模型完成相应的转换,还需要实时同步现实空间与虚拟空间的状态,确保操作者可以准确地控制场景中的物理实体。

操作模块用于连接虚拟现实设备,并响应操作者与场景和 UI 的交互。操作模块的主要任务是控制多种交互方法的使用,并将交互信息传递至 UI 系统或通过控制系统对数字孪生模型进行驱动。通过操作模块,操作者可以直观地感知虚拟世界的场景,并通过多种交互方式与场景进行交互,从而实现对数字孪生模型和物理实体的控制。

UI 模块负责控制各个 UI 界面的展示和交互,可以将数据通过可视化的方式呈现给用户,并且通过数据化驱动实现对数字孪生模型的控制。操作模块通过集成多种交互方法,响应用户与场景和 UI 的交互,并将交互信息传递给 UI 系统或控制系统,实现对数字孪生模型的驱动。UI 界面将用户的交互结果传递至控制模块处,控制模块对数字孪生模型进行驱动,并将驱动后的相关数据反馈给 UI 界面,实现数据的可视化展示。这样,UI 模块、操作模块和控制模块三者协同工作,共同实现虚实融合系统中数字孪生模型和物理实体的交互控制。

为了优化 UI 交互体验,为 UI 模块开发了 UI 跟随功能。UI 跟随功能的功能流程图如图 3-27 所示。操作者唤起 UI 界面后,由于虚拟现实环境的特性,允许操作者在虚拟环境中自由地移动位置、转换视角,此时 UI 界面会跟随操作者进行移动。但是,这可能导致存在的界面过多,影响操作体验。因此系统中的 UI 界面均带有自动隐藏功能，当其生命周期终结，即系统判断用户暂时不会再使用此界面时，会隐藏此界面。

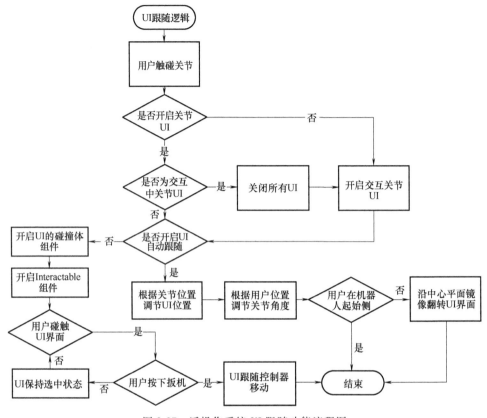

图 3-27　遥操作系统 UI 跟随功能流程图

渲染模块基于 Unity 延迟渲染管线，能够将虚拟空间中的数字孪生模型显示在虚拟现实头戴式显示器中，是遥操作系统向外输出信息的窗口。渲染模块在 Unity 渲染管线的基础上，通过对渲染过程的优化以及在光栅化过程中对采样方法与反走样方法的优化提升渲染效果，提高在头戴式显示器中显示图像的分辨率以及帧率，以适应愈加真实的显示需求。

3.4.2　双向驱动构建方法

本系统同时存在着通过物理实体的实时数据驱动数字孪生模型和通过在虚拟空间中对数字孪生模型的交互操控物理实体的双向驱动机制。因此在理论上，双方存在同时以不同姿态发出不同驱动信号的可能性，所以需要一种保证安全性及精确度的双向驱动方法，从而实现虚实融合，以及虚拟和现实空间的无缝切换。双向联合驱动的功能流程如图 3-28 所示。

虚实融合操作系统中的驱动过程包括正向驱动和逆向驱动两个通道，并且能够

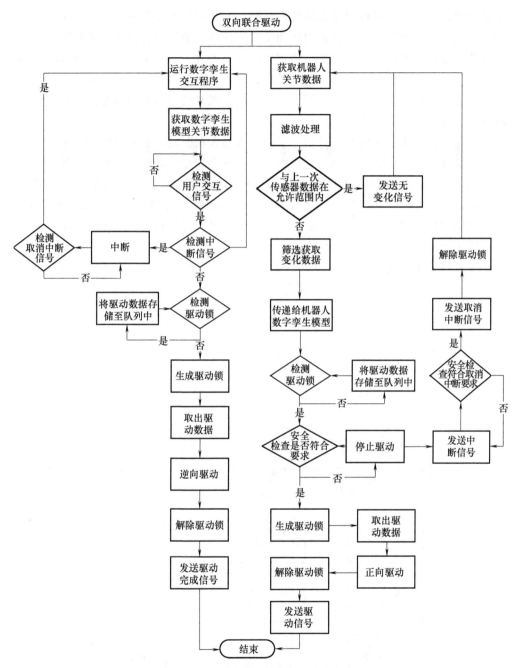

图 3-28　遥操作系统双向联合驱动功能流程图

并行进行，通过现实空间传感器和虚拟空间中数字孪生模型进行驱动判断。在进行驱动判断时，系统会将各关节角度与上一次存储的关节数据进行比对，并计算它们之间的差值。如果差值超过系统误差范围，则系统判断为需要进行驱动操作。在驱动过程中，系统需要进行驱动锁的设置以防止安全问题和逻辑冲突，并对机器人数字孪生模型进行预驱动。通过正向运动学模型计算关节的理论位姿，系统通过迭代各关节角度，减少数字孪生模型与物理实体间的差异，减少驱动过程中的误差。当出现干涉情况时，系统会中断该驱动过程，停止机器人的运动，并需重新进行驱动过程。通过这些措施，虚实融合操作系统可以实现对机器人的精准驱动，并保证驱动过程的安全性和准确性。

虚实融合操作系统的驱动锁是为了保证机器人在驱动过程中的安全性和逻辑正确性而设置的一种机制。在驱动进行之前，系统会先对驱动锁进行检查，如果驱动锁被锁定，则此时驱动队列中存在着正在进行的驱动过程，系统就会阻止当前驱动，并将其存储在驱动队列中。之后系统会对驱动锁进行监测，当驱动锁解除后，从队列中取出并继续执行下一项驱动。这种设置可以保证机器人在不间断的驱动中不会因为驱动之间的矛盾出现错误。

驱动系统正向驱动方法如图 3-29 所示，在虚实融合操作系统的驱动过程中，

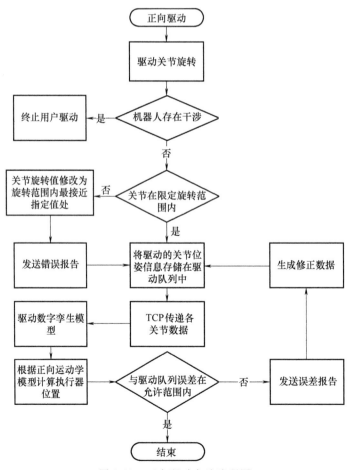

图 3-29　正向驱动方法流程图

为了保证机器人的准确驱动，需要对机器人的数字孪生模型进行预驱动，以检查是否存在干涉等问题。如果检测到干涉，则需要中断驱动过程，并停止机器人的运动。同时，在驱动过程中，需要对各个关节的旋转角度进行分析，当角度超过限制时，机器人将停留在范围内最接近目标旋转角度的位置，并传递错误信息。为了减少数字孪生模型与物理实体之间的误差，系统需要通过根据正向运动学模型计算出各个关节的理论位姿，并与驱动后数字孪生模型进行对比，并根据误差进行迭代调整。这些操作可以保证机器人的运动精准性和安全性。

由数字孪生模型驱动物理实体的逆向驱动过程如图 3-30 所示，在逆向驱动过

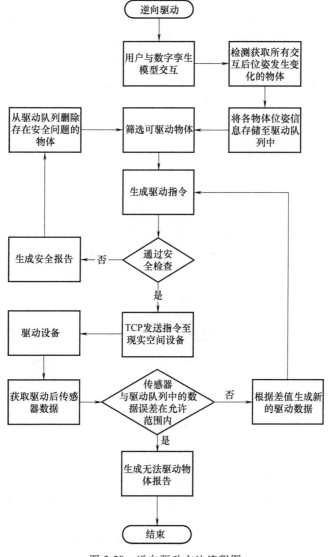

图 3-30　逆向驱动方法流程图

程中，数字孪生模型的准确性对于驱动的成功至关重要。用户与数字孪生模型的交互产生的位姿数据需要存储在队列中，同时需要对现实空间可驱动的设备进行筛选和判断，以生成可靠的驱动指令。在安全检测过程中，需要对驱动指令进行验证，确保其不会引发任何安全问题或逻辑冲突。驱动完成后，将传感器数据传回数字孪生系统进行对比，以验证驱动的正确性和准确性，并及时更新数字孪生模型以反映实际物理变化。因此，逆向驱动过程中需要综合考虑数字孪生模型的准确性、驱动指令的可靠性以及运动安全等多个方面。

3.4.3 数字孪生模型构建方法

依据数字孪生五维模型构建数字孪生模型，即物理实体、虚拟实体、物理与虚拟实体的连接、数字孪生数据以及应用五个维度。在本系统中物理实体为进行远程操作的机器人，虚拟实体为在虚拟空间中创建的三维模型，应用为供用户完成交互的遥操作系统。数字孪生数据是存储在本系统中的一组机器人数据，其为与机器人运行状态、当前位姿等参数相关的各项数据。包括机器人各关节当前角度、运动速度，机器人执行器中心点位置及速率，串口传输速率等。这些参数通过机器人上的传感器进行采集，并通过串口通信保持实时更新。系统内的数字孪生五维模型如图 3-31 所示。

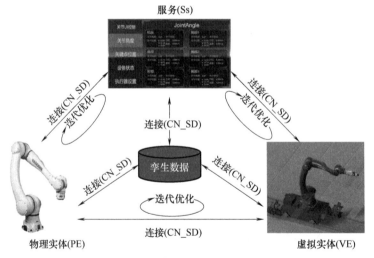

图 3-31　数字孪生五维模型

数字孪生数据与物理实体及虚拟实体间都保持着连接。当用户在现实空间操作物理实体时，操作数据会根据用户对物理实体的操作以指令的形式通过串口传输给虚拟实体，驱动虚拟实体跟随物理实体进行运动。在这一过程中，孪生数据的更新仍由传感器实时获取，因此孪生数据的更新往往是慢于虚拟实体的更新速度。

当用户在虚拟空间操作虚拟实体时，由于需要进行安全检查，所以用户的操作将孪生数据存储至缓冲区，并对数据进行各项安全检查，当检查通过后，将各项数据更新至孪生数据，并生成相应的驱动指令，通过串口通信传输给物理实体，驱动物理实体进行运动。因此在虚拟实体驱动物理实体时，为了保证其安全性，会产生一定的驱动延迟。在虚拟实体驱动物理实体时，物理实体的各项传感器数据将不会被孪生数据所接收，以避免物理数据与虚拟数据间产生冲突或覆盖。

对于虚拟实体的构建，首先在 Unity 引擎中构建虚拟场景模型，然后使用 Blender 软件将场景三维模型转换为 fbx 格式，最后将机器人与其所处的工业环境以及需要进行操作的工件等三维模型导入虚拟场景中。

通过绑定机机器人各部分间的父子关系，建立正向运动学解算方法。调整机器人各部件本地坐标系为其可能的旋转轴处，为机器人及其所处环境设置碰撞体，用于进行各项交互以及防止出现干涉，防止在物理实体驱动过程中出现与环境碰撞等安全事故。根据机器人各关节特性为其编写相应的脚本，实现以一定速度绕指定旋转轴旋转、沿轨道平移、限制运动范围、抓取物品等功能。并将其暴露为接口，当操作者与其交互时，调用此接口即可控制指定部件进行所需运动，如图 3-32 所示。

a) 使用手柄控制用户移动

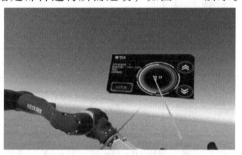
b) 使用手柄射线进行UI交互

c) 手柄握持驱动关节

d) 使用眼动追踪进行UI交互

图 3-32 单一关节最靠近目标点的旋转角度计算

3.5 智联生产线自主智能协同控制系统构建和应用研究

3.5.1 自主智能协同控制系统架构与功能

基于以上关键技术，建立了如图 3-33 所示的数据模型混合驱动的自主智能协同控制系统，系统采用多层体系结构，通过企业智联生产线智能单元体建模与协作控制软件的相应功能模块，实现生产工艺的优化、设备管理优化、工艺参数优化、物流管理优化及人机协同优化。上述系统架构具有结构清晰、维护方便、易于软件重用和数据共享等特点。

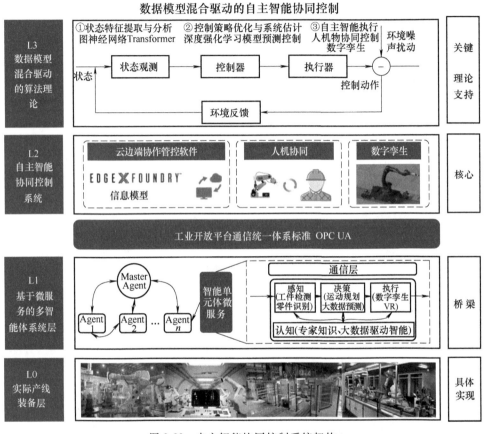

图 3-33　自主智能协同控制系统架构

（1）实际产线装备层　该层是整个系统的具体实现，主要是实际生产线的生产设备、检测装置、工件、操作人员等，是系统的实际作用层，也是系统数据的输入采集部分。该层主要有两个功能：①现场数据的采集上传；②上层下达命令的具体执行。

（2）基于微服务的多智能体系统层　该层是整个系统的桥梁，为了建立起实际生产线设备和上层算法软件的联系，对实际产线的每个设备（组）进行模块化建模，构建智能体微服务，进一步构建起实际生产线对应的多智能体系统。上层的软件和算法需要数据订阅、操纵设备时，调用设备层的微服务接口即可。该层主要有两个功能：①数据传输的通信功能；②对设备的实时控制功能。

（3）自主智能协同控制系统　该层是整个系统的核心，主要依靠本书设计的云边端协同软件实现，既保证下层多智能体系统的微服务调用顺畅，又可调用上层的各类算法。允许数据从产线设备传输到云端进行分析、存储和长期历史记录，同时还能在边缘设备上执行实时控制和反馈。该层主要有 5 个功能：①云边端资源以及人的管理、调度；②下层多智能体系统微服务的服务治理；③算法具体调用；④人机交互；⑤数据安全性的保证。

（4）数据模型混合驱动的算法理论 该层是整个系统的关键和理论支撑，利用本部分所述的数据模型混合驱动的算法理论在感知、决策、执行、环境反馈 4 个方面实现以下 4 个功能：①在感知层面，利用图神经网络、Transformer 等深度学习技术对状态特征进行提取分析；②在决策层面，利用深度强化学习、模型预测控制等技术对控制器进行优化设计；③在执行层面，利用数字孪生技术实现人机协同；④在环境反馈层面，利用迁移学习等技术对数据分布差异造成的模型退化进行迭代优化。

3.5.2 系统功能概述

（1）用户权限 用户权限是由系统管理员授予，主要包括：用户名、密码授权，业务模块使用权限设置等。

（2）用户名与密码授权 用户只能按系统管理员授予的用户名、密码登录系统，否则系统将按非法用户对待，拒绝该用户进入本系统。

（3）系统主菜单 以管理员为例，系统赋予其全部操作权限，成功登入系统后，进入系统主控界面，挂接系统主菜单，包含"基础数据""产品工艺""生产设备""生产订单""质量控制"5 大模块，默认展示基础数据子菜单。系统主控界面如图 3-34 所示。

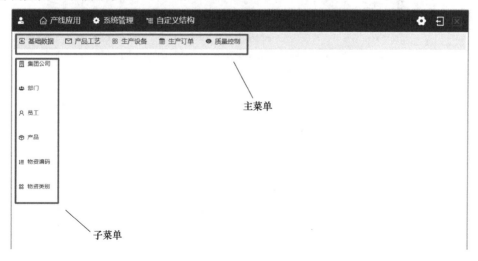

图 3-34 系统主控界面

（4）**基础数据管理** 该部分提供系统需要的基础数据，如集团公司、部门、员工、产品信息、物资编码、物资类别等，供用户查询使用，由系统管理员进行维护。如图 3-35 所示，在主菜单下选择［基础数据-集团公司］，可执行数据检索、查看、新增、修改、删除、上传、下载附件等功能操作。

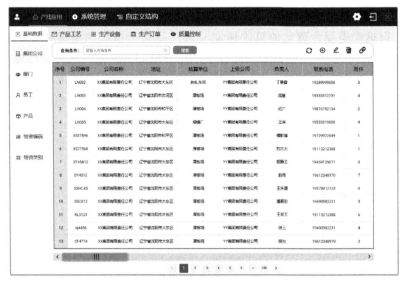

图 3-35　集团公司信息维护

（5）**产品工艺** 该部分包含文档管理、生产工序、工艺路线、物料清单、技术标准功能。如图 3-36 所示，用户可以通过选择［产品工艺-生产工序］，实现生产工序的增删改查。如图 3-37 所示，用户可以根据生产工艺信息设定工艺路线。

图 3-36　生产工序信息维护

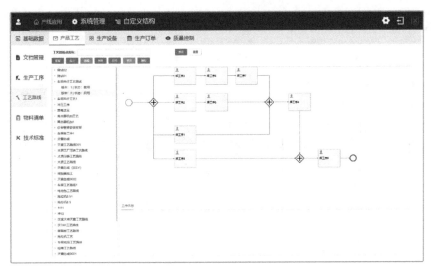

图 3-37　工艺路线设计

（6）**生产设备**　该部分包括设备档案、工具工装、设备点检、设备保养等功能。如图 3-38 所示，可以通过选择［生产设备-设备点检］执行点检操作，以及记录设备点检信息。

图 3-38　设备点检

（7）**生产计划**　该部分包括车间订单、生产批次、批次作业等。如图 3-39 所示进入主菜单，选择［生产订单-车间订单］，显示"车间订单"列表界面，可执行新增、修改、删除、复制、生成批次订单。

图 3-39 车间订单管理

（8）质量控制 该部分包括质检项目、检测委托、生产质检等功能。如图 3-40 所示，进入主菜单，选择［质量控制-质检项目］，可执行新增、修改、删除等功能操作。

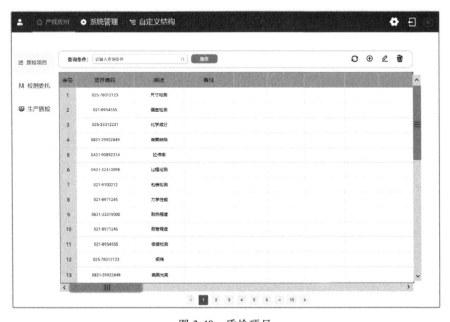

图 3-40 质检项目

3.6　本章小结

　　智联生产线将是未来智能工厂发展的必然趋势。本章针对不同场景下的人机物控制建模方法、工业场景下的多模态数据分析和三维目标检测、虚实融合操作等问题进行了研究。从数据/模型混合的不同层次，并与深度学习、强化学习、虚拟现实等新一代人工智能技术进行深度融合，提出了数据/模型混合驱动智联生产线控制模型结构、算法设计及系统应用案例，该项研究目前尚处于起步阶段，大量模型还需结合实际场景进行不断的迭代，同时，未来将不断深化产线场景中人工智能技术融合深度和广度，通过不断的模型改进，推动智联生产线自主智能协同控制技术的进步。

参 考 文 献

[1] 李爱国，覃征，鲍复民，等. 粒子群优化算法 [J]. 计算机工程与应用，2002，(21)：1-3+17.

[2] 王焱，王湘念，王晓丽，等. 智能生产系统构建方法及其关键技术研究 [J]. 航空制造技术，2018，61 (Z1)：16-24.

[3] 柴斌. 基于深度学习的工件检测和定位系统的研究与实现 [D]. 沈阳：中国科学院大学（中国科学院沈阳计算技术研究所），2021.

[4] 曹家乐，李亚利，孙汉卿，等. 基于深度学习的视觉目标检测技术综述 [J]. 中国图象图形学报，2022，24 (6)：1697-1722.

第4章　智联生产线生产效能评估

4.1　引言

《中国制造 2025》规划明确提出，要以推进智能制造为主攻方向，实现中国制造由大到强的历史跨越。实现智能制造意味着制造企业必须要实现全生命周期上的智能化转型与升级。因此，智能化有助于提高企业生产效率，增强企业创新能力，同时也是国家加快建设制造强国、发展先进制造业的必经之路[1]。

但是，制造企业往往对智能化的理解不够清晰，对企业智能化水平的定位、现状和发展路径也不够明确。究其原因，是缺少系统的方法论和典型案例来指导实施。因此，建立一套行之有效的制造企业智能化水平的评估工具，不仅有助于企业提高智能化水平，也可以帮助政府更好地了解工业界智能制造的发展现状。本章将论述智联生产效能评估相关的主要技术问题，研究制造资源的主动感知与采集、服务化封装与上云的实现，进而建立生产效能评估模型，实现智联生产线生产效能评估。

4.2　智联生产线制造资源主动感知与采集

生产线生产效能评估是生产管理的重要一环，为了实现对制造企业行之有效的生产监控，需要从全局对生产线实时数据获取方案和实时信息集成架构进行研究，从而实现实时制造信息在系统层、产线层、设备层的交互使用。

智联生产线的主要制造资源包括制造设备、物料等，同时也涵盖了软件系统、人员以及维护资源。目前的生产线在采集制造资源信息时普遍面临多源异构的问题，所以难以有效评估生产线的效能。因此，建立一个实时、透明且可追溯的制造资源信息系统对于生产线效能评估尤为重要。本节结合工业物联网技术，建立了一种制造资源实时数据主动感知与集成体系架构[2]，如图 4-1 所示。首先，构建智联生产线传感网络，实现对智联生产线设备和机器的智能配置，使得智联生产线具有主动感知与获取加工制造过程信息的能力；其次，对传感装置进行注册管理，实现对智联生产线生产过程的实时数据采集；最后，对数据进行增值处理，使得被获取

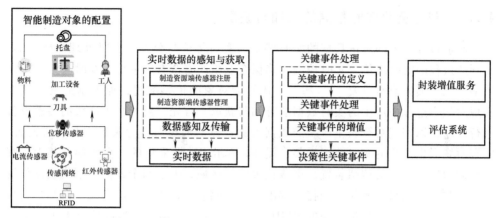

图 4-1 制造资源实时数据主动感知与集成体系架构

的多源异构数据转变成能够用于生产过程优化的实时多源制造信息。

　　智联生产线的制造资源主动感知与集成体系架构由 4 个部分组成，即智联生产线传感设备的配置、数据的感知与获取、实时信息的集成、关键事件处理。下面将对每个部分进行介绍说明。

4.2.1 制造资源传感配置

　　智能制造对象的传感配置是指通过配置传感装置、形成可靠稳定的传感网络，使得加工设备、装配站等传统的加工制造资源具有主动感知自身实时状态，以及物料、刀具、操作员等辅助制造资源实时状态的能力，见表 4-1。

表 4-1 某产线数据收集表

设备	动态数据	静态数据
智能仓库	实时存储量、实时原材料存储量、实时成品存储量、实时空闲量、存储物规格	最大存储量、尺寸
AGV	实时位置数据、负载信息、实时运行速度、实时加速度、报警信息、累计运载数、开机时间	尺寸、自重、额定负载能力、额定运行速度（空载）、额定运行速度（负载）、额定加速度（空载）、额定加速度（负载）、导引定位精度、停止角度精度、停止位置精度
打标机	打标内容（尺寸、图形）、打标速度、累计打标个数、开机时间、电流、电压、报警信息（是否报警、报警种类）	尺寸、额定打标速度、打标精度
转运机器人	实时分拣数量、实时分拣速度	尺寸、额定速度
检测设备	累计质检数量、累计不合格数量、合格数量、不合格种类、报警信息、质检种类、实时质检速度	尺寸、额定质检速度
钻床	主程序程序序号、主轴转速、主轴负载、主轴进给、实时加工代码、当前刀具号、产量、累计加工数量、报警（含报警种类）、X 轴机械坐标、Y 轴机械坐标、Z 轴机械坐标、X 轴负载、Y 轴负载、Z 轴负载	轴数、主轴转速、主轴功率、主轴冷却方式、X/Y 轴位移速度、Z 轴位移速度、工作台尺寸、刀库容量、刀具号含义、钻孔刀径、机器尺寸、机器重量、工作电源、空压需求

4.2.2　制造资源实时数据的感知与获取

制造过程产生的海量数据的实时感知、实时传输与分发、实时处理与融合等，对制造过程的实时决策及实时控制，确保企业生产安全有序进行、及时决策、提高效率、减少损失非常重要[3]。基于上述智能对象的传感配置，加工制造资源能够实现对生产过程中产生的实时数据的感知与获取。首先，对智联生产线的传感设备进行注册，以实现对智联生产线的数据采集；然后通过对传感装置进行管理配置，实现对智联生产线的实时数据采集。图 4-2 所示为数据采集的一个实例。其中，圆形代表智联生产线的传感装置，虚线代表感知区域，上下两个方框分别代表操作员和装有物料的托盘。操作员和托盘都配备了传感装置，用于存储与操作员和物料相关的数据。例如，操作员配备的 RFID 标签记录了员工信息。当这位员工进入加工设备的智能感知范围内时，设备上的读写器便能识别并读取 RFID 标签的电子产品代码，从而实现采集与该员工相关的数据[4]。

图 4-2　实时数据的感知与获取实例

4.2.3　智联生产线数据传输

由于智联生产线包含的设备种类很多，故涉及多种传输协议。针对生产数据多源异构的问题，设置制造物联网关，利用网关对数据进行协议转换和格式转换，使得传递至服务器的数据具有统一格式和协议，从而降低管控系统的开发难度，与此同时，针对制造物联网关进行安全模块的开发，以保证传递数据的安全性。

制造物联网架构如图 4-3 所示，主要功能是通信协议转换和数据格式的转换，本节选择 MQTT 协议作为统一的通信信议。网关根据报文形式进行上传数据通信协议的判断，然后针对具体的通信协议，进行数据格式的转换，最终将转换的数据格式统一至 MQTT 模型当中。网关的配置和测试工具如图 4-4 所示。

4.2.4　基于智联生产线的关键事件处理

关键事件处理最早是由美国斯坦福大学的 David Luckham 与 Brian Fraseca 提出的，他们将事件定义为某时刻某个事实状态发生的显著变化，即如果某件事情的发生会产生一项数据，那么该数据就可以定义为"事件"。

1. 关键事件概述

在对海量生产数据进行处理的过程中，事件的相关概念及定义各有不同，本文针对各类文献的定义进行汇总分析，确定采用以下定义：

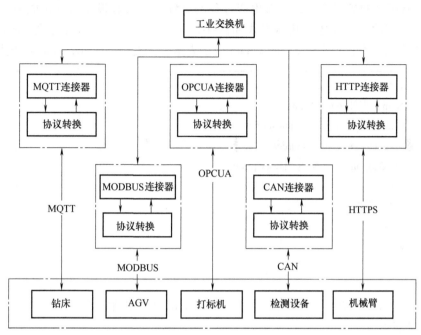

图 4-3　制造物联网架构

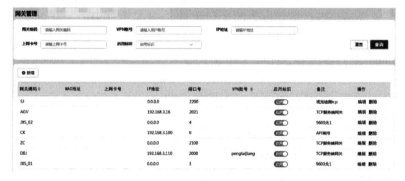

图 4-4　网关测试示例

1）事件类型：指当某种类型事件发生时，与该事件相关的属性；

2）事件实例：指当某种类型事件发生时，真实的案例；

3）原始事件：指生产过程中所采集的原始数据，因存在大量的标签数据，故也称为标签事件；

4）关键事件：指将原始事件按照一定的逻辑规则进行组合，生成的更高层次的具有指导性意义的事件，也称为复杂事件[5,6]。

2. 关键事件描述形式

在生产制造信息感知的过程当中，最常见的事件描述形式是 XML 语言，基于 XML 语言构建的可扩展事件描述语言（Extended Event Description Language，EE-

DL）具备很好的扩展性，而且对生产过程的事件描述具有很强的表达能力[7]。基于 XML 语言的事件描述的基本形式如图 4-5 所示。其中，Event 是事件的标签名，Name 用来描述事件的名称，Timestamp 用来表示事件发生的时间，Source 用来表示

```
<Event>
    <Name>事件名称</Name>
    <Timestamp>时间戳</Timestamp>
    <Source>事件来源</Source>
    <Description>事件描述</Description>
    <Data>
        <!-- 事件数据 -->
    </Data>
</Event>
```

图 4-5　基于 XML 语言的事件描述形式

事件发生的源头或者产生事件的对象，Description 用来详细描述事件，Data 标签中则是对事件数据的描述。

以打标机数据采集为例，其原始事件描述如图 4-6 所示。此示例中，事件类型为"status"，表示该事件描述设备的运行状态。eid 是事件 ID，timestamp 是事件发生时间戳，deviceId 是设备 ID，deviceStatus 是设备状态，jobId 是当前任务 ID，markingContent 是打标内容，error 是错误状态。

```
<PEvent name="MarkingMachineEvent" type="status">
    <eid value="event1"/>
    <timestamp value="2023-03-25T10:15:30Z"/>
    <deviceId value="MARKING-01"/>
    <deviceStatus value="running"/>
    <jobId value="JOB001"/>
    <markingContent value="SZUZLSCXSYPT!"/>
    <error value="none"/>
</PEvent>
```

图 4-6　基于 XML 语言的事件描述示例

3. 关键事件关联模型

原始事件只是对采集的数据进行简单的处理，而关键事件是根据特定的逻辑规则对原始事件进行组合，所生成的具有更高逻辑层次的新事件。原始事件之间的组合关系主要有时序关系、逻辑关系、因果关系[8,9]。

1）时序关系：原始事件 A 和原始事件 B 之间在时间上存在先后关系，这类关系称为时序关系，可以利用时间模型进行描述。例如打标事件发生在打标消失事件之前。

2）逻辑关系（聚合关系）：原始事件 A 和原始事件 B 两个事件导致关键事件 C 发生时，原始事件 A、原始事件 B 和关键事件 C 即为逻辑层次关系，可以使用层次模型进行描述。例如可由打标事件和打标消失事件共同推断出打标完成事件。

3）因果关系：原始事件 A 发生之后必然会导致原始事件 B 发生，即原始事件 A 和原始事件 B 存在因果关系，可以使用语义操作符进行表达。例如打标事件发生后，打标消失事件必然会发生，如果没有发生则表明打标未完成。

如图 4-7 所示，根据事件之间的关系，可以建立互联的事件系统，实现对事件的有效组织。图中表示为"CE$_{生产设备状态事件}$"是由"PE$_{钻床状态事件}$"和"PE$_{打标机状态事件}$"及其他原始事件进行聚合所得到，而"CE$_{生产设备状态事件}$""CE$_{紧急插单事件}$"和"CE$_{刀具使用正常事件}$"先分别进行真假判断，再进行"和"运算聚合成"CE$_{生产整体加工状态关键事件}$"。

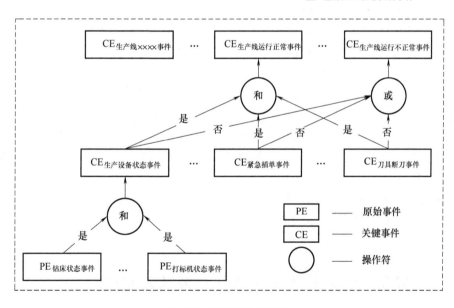

图 4-7 互联的事件系统

4. 关键事件处理架构

在实际的制造车间中存在多种不同类型的 RFID 标签和阅读器，必然会导致存在数据格式不同和数据孤岛的问题，如何打通数据孤岛以及使得数据格式统一化是实际生产的一大难题。在利用 RFID 对生产线进行加工状态的监控时，应用程序有两种典型的 RFID 数据调用方式，一种是利用 RFID 中间层对 RFID 数据进行处理，最后统一调用处理后的数据；另一种则是直接调用数据库中的 RFID 数据。第一种调用方式的架构如图 4-8 所示，主要由 3 个部分组成，底层为设备、RFID、传感器，主要作用是提供数据来源；中间是 Rifidi ® Edge Server 处理系统，其主要作用是开发和部署各类 RFID 应用以及连接不同的 RFID 传感设备，并可以对采集到的数据流进行处理和发布；最顶层是上层应用层，经过 Rifidi ® Edge Server 处理的数据会变成不同的关键事件，作为输入为上层应用提供决策信息[10]。

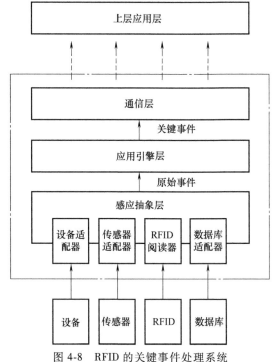

图 4-8　RFID 的关键事件处理系统

作为核心的 Rifidi ® Edge Server 处理系统由感应抽象层、应用引擎层和通信层组成。

感应抽象层的主要作用是允许边缘设备服务器能够连接各种类型的传感器（如 RFID 阅读器、条形码阅读等），该层提供了众多的通用 API，可以供大部分的传感器与其进行连接和交互，并且对各类设备的数据进行采集。

应用引擎层的主要作用是提供可定制的业务逻辑，实现对原始事件逻辑关系的处理，最终形成关键事件。通过该层能够实现原始事件到关键事件的转换，是关键事件处理系统的核心。

通信层作为 Rifidi ® Edge Server 的最顶层，主要的作用是利用内部部署的连接器将应用引擎层处理完的事件推送至数据库或者是应用程序，便于上层应用的使用。

4.3　智联生产线制造资源服务化封装及云端化

制造资源的服务化封装与云端化也是实现制造过程智能化的关键技术之一。生产线生产效能实时准确的评估，对制造资源的实时感知能力和云端化接入方式具有更高要求，只有对制造云平台中的各类制造资源进行实时感知和监控，才能实现海量制造资源在制造云平台的主动发现、准确评估。

制造资源的服务化封装，指的是将制造资源（例如机器、设备、工具等）转化为可通过互联网和数字技术提供的服务。也就是说，加工设备的制造能力能被主动感知，执行过程信息透明且实时可访问，并能通过一种松散耦合和即插即用的方式接入到制造云平台，为智能制造中海量制造资源的云端化接入、主动发现、效能评估提供技术支持[11]。

　　这意味着通过数字平台，制造资源可以作为一种服务提供给服务需求者。这种转变的好处是多方面的，首先，通过服务化封装，服务提供者可以更好地利用其资源，提高资源利用率，因为他们可以更灵活地为服务需求者提供服务。其次，服务化封装使服务提供者可以扩展市场，通过数字平台与全球服务需求者建立联系。最后，对服务需求者来说，制造资源的服务化封装为他们提供了更灵活和可定制的解决方案，因为他们可以按需使用所需的制造资源，而无需购买和维护自己的设备。

　　制造资源服务化封装的关键是数字技术的使用，包括物联网（Internet of Things，IoT）、云计算、人工智能（Artificial Intelligence，AI）和大数据等技术，可以帮助服务提供者实现更好的资源管理、客户交互和服务交付。同时，数字技术也为服务需求者提供了更好的体验，例如在线预订、自助下单、实时跟踪等功能。总的来说，制造资源的服务化封装是制造业数字化转型的重要组成部分，它有助于服务提供者提高效率、扩展市场、提供更好的服务体验，同时也为服务需求者提供更灵活和可定制的解决方案。

4.3.1　基于关键事件的制造资源服务化封装

　　在对海量生产数据进行处理的过程中，事件的相关概念及定义各有不同，在根据加工设备和感知设备的数据进行关键事件处理的基础上，总结出具有代表性的关键事件，即基于设备运行数据的生产线设备运行状态事件、基于 RFID 数据的紧急插单事件以及刀具剩余使用寿命预测事件，从而为智联生产线的生产调度提供了海量关键事件来源。

1. 设备运行状态事件

　　为了更好地感知设备的运行状态，对设备运行状态进行采集，并在其基础上进行关键事件的处理。图 4-9 所示为一检测设备运行状态事件，用于描述视觉检测设备对指定物品进行检测的事件，包含物品的类型、检测结果、检测时间等信息。

2. 紧急插单事件

　　通过关键事件处理系统可以对数据流进行实时处理，形成生产过程中的各类 RFID 关键事件。通过对关键事件的分析和处理，可以利用紧急插单事件等实现动态生产调度。紧急插单事件是指生产过程中，在原有的生产计划当中插入优先级较高的工作计划。因为到达事件（type =' RFID_arrival '）发生后，就会发生离开事件（type =' RFID_departure '），而且两个事件都会发生在一个工作站（location =' workstation '）内。那么如果在某一段时间内（这里设为10s）内连续发生了多个这样的事件，并且总数量超过了原计划的加工数量，那么就可以认为发生了紧急插单事件，逻辑如图 4-10 所示。

3. 刀具剩余使用寿命预测事件

　　利用大量历史数据，可以构建出刀具和设备的数据模型。这些模型可以与实时

```
<CEvent name="VisionDetection" type="complex">
<eid value="event6"/>
<timestamp value="2023-03-17T19:00:00Z"/>
<deviceId value="TEST-01"/>
<deviceStatus value="active"/>
<testType value="pressure"/>
<testValue value="10.5"/>
<testUnit value="kPa"/>
<error value="none"/>
</PEvent>>
```

图 4-9　设备运行状态事件示例

```
SELECT count(*) as cnt
FROM RFIDEvent(type='RFID_departure', location='workstation').win:time(10 sec) as e1,
RFIDEvent(type='RFID_arrival', location='workstation', AID=e1.AID).win:time(10 sec) as e2
HAVING count(*) > original_plan_num
```

图 4-10　紧急插单事件监听逻辑

数据相结合，从而实现生产过程的主动预测。图 4-11 所示为刀具剩余使用寿命预测系统，测力平台的作用是采集实时数据并将历史数据保存，实时数据通过降噪、特征提取与选择，然后输入基于相似性原理的刀具剩余使用寿命预测改进模型来预测刀具剩余使用寿命，形成刀具剩余使用寿命预测关键事件，最终实现主动预测动态调度。

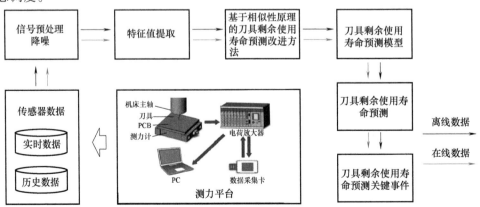

图 4-11　刀具剩余使用寿命预测模型系统

利用刀具剩余使用寿命关键事件可以对刀具剩余使用寿命进行预测，该事件主要包含了刀具的编号、刀具剩余使用寿命状态、测量的轴向力数值和时间，以及预测的时间，如图 4-12 所示。当预测出刀具剩余使用寿命低于一定阈值时，刀具剩余使用寿命状态变为 1，表示需要主动更换。

```
<CEvent name="Tool life prediction" type="complex">
<eid value="Tool1"/> <!-- 刀具的编号 -->
<operator name="Tool life status" status="1"/> <!-- 刀具剩余使用寿命状态，1 表示需要更换 -->
<operand>
<PEvent name="Axial force measurement" type="primitive">
<eid value="Machine1"/> <!-- 钻床的编号 -->
<force value="150"/> <!-- 轴向力的数值 -->
<time value="2023-03-20T10:30:00"/> <!-- 测量时间 -->
</PEvent>
</operand>
<time value="2023-03-20T10:31:00"/> <!-- 预测时间 -->
</CEvent>
```

图 4-12　利用刀具剩余使用寿命关键事件示例

4.3.2　制造资源上云

制造资源上云是指将制造过程中的各种资源（设备、工具、物料等）进行云化处理，从而实现资源的集中管理和共享，基于关键事件封装的制造服务也可在云上共享并提供服务，制造资源上云通常包括以下 5 个步骤：

1）云平台选择：根据制造资源的特点和需求，选择合适的云平台。

2）数据上传：将制造资源的数据上传到云平台，包括原始数据和经过处理后的数据，以便后续的分析和建模。

3）资源部署：在云平台上部署制造资源的相关软件和服务，如数据采集服务、模型训练服务、模型调用服务等。

4）模型服务化：将训练好的模型进行服务化封装，以 Web 服务形式发布到云平台上，供其他系统或应用调用和使用。

5）云平台管理和维护：对云平台进行管理和维护，包括云资源的调配、安全性的保障、服务的监控和管理等，以确保云平台的高可用性和稳定性。通过将制造资源上云，可以实现资源的集中化管理和优化，提高资源的利用效率和灵活性，同时也可以降低资源管理和维护的成本。

关键事件的主动推送和远程访问是两种不同的方式，它们都可以用于将关键事件传输到云端或其他设备进行处理。关键事件的主动推送指的是制造设备主动向云端或其他设备发送关键事件。这种方式可以实现实时性较强的数据传输，适用于对数据时效性要求较高的场景，例如制造设备故障预警和远程监控等。远程访问则是指在需要访问制造设备的关键事件时，通过网络等方式连接到设备，从而获得关键事件。这种方式适用于需要从设备中获取历史数据或特定数据的场景，例如对制造设备的生产过程进行分析和优化等。为了实现关键事件的主动推送和远程访问，需要建立相应的通信协议和数据传输机制。在建立通信协议时，需要考虑安全性、稳定性和效率等因素，以保证数据传输的可靠性和实时性。同时，在进行数据传输时，也需要对数据进行加密和压缩等处理，以提高数据传输效率和安全性。

制造企业数据应用方面，主要借助 Web Service 技术，通过主动推送和远程访问两种形式获取关键事件。主动推送工作逻辑如图 4-13 所示，应用系统首先进行地址注册和服务绑定，当新事件发生时，触发主动推送服务，通过 Wi-Fi、TCP/IP 等将标准化关键事件向应用系统进行推送。应用系统远程访问的逻辑是应用系统首先进行地址注册和服务绑定，远程访问服务每隔时间 t 自动获取一次实时感知的标准化的关键事件信息并发送至应用系统。

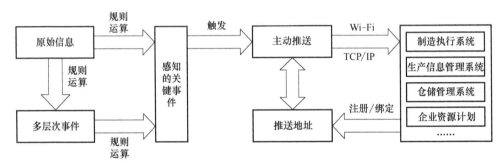

图 4-13　关键事件主动推送逻辑示意图

关键事件通常与生产过程的控制、监测、优化和管理等方面相关，对实际生产具有重要的意义。关键事件的产生通常需要通过对原始事件进行处理、分析和筛选等操作，从而识别出具有决策意义的事件。这些事件可以是某个设备的故障或停机、生产线的状态变化、质量问题的发生等，这些事件对于生产计划、设备维护、质量控制等方面都有着重要的作用。在智能制造中，关键事件通常通过数据挖掘、机器学习等技术来发现和识别。通过对关键事件的监测和分析，可以实现对生产过程的实时监测和控制，以及对生产过程的优化和调整。这样可以提高生产效率、减少生产成本、降低质量风险、提升生产的稳定性和可靠性。与基于原始事件的制造资源服务化封装相比，基于关键事件的制造资源服务化封装更加注重对制造过程中的关键事件进行监测、分析和处理，从而实现对制造过程的实时控制和优化。如图 4-14 所示，在靠近设备端的边缘节点上进行相关模型的训练工作，随后在云上进行数据图像存储及服务上云，从而实现制造服务共享。

最后，制造资源的注册和发现也是制造资源服务化封装的重要环节。制造服务的注册和发现是指对制造过程中的各种服务进行注册和发现，从而实现服务的自动化管理和调用。通过制造服务的注册和发现，可以方便生产线上各个环节之间的服

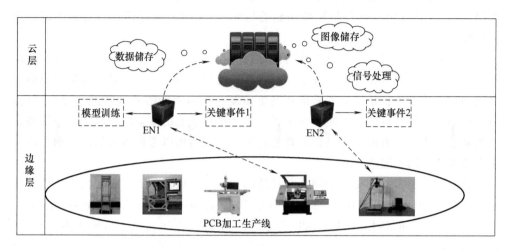

图 4-14　云层及边缘层结构示意图

务共享和调用，提高生产效率和质量。注册是指将制造资源的信息注册到服务注册中心，而发现则是指客户端通过服务注册中心查找和获取制造资源服务的过程。首先需要设计统一的资源注册信息格式，包括资源名称、类型、版本、接口等信息，以便于统一管理和查找；其次需要部署服务注册中心，例如使用 Zookeeper、Consul 等工具来实现服务注册和发现。制造资源在启动时向服务注册中心注册资源信息。客户端通过服务注册中心获取制造资源的信息，并选择合适的资源进行调用。在资源变化时，需要及时更新注册中心中的资源信息，以确保客户端能够正确获取最新的资源信息。

4.4　智联生产线效能评估

智联生产线效能评估是指对生产线的运行和效率进行评估和分析的过程。智联生产线的效能评估需要考虑多个方面的指标，常用的指标包括生产能力、生产效率、生产质量、资源利用率等。

智联生产线效能评估常用的方法是基于数据分析，通过收集生产线的运行数据，如生产数量、产品质量、设备故障等对生产线进行效能评估与分析。通过建立生产线模型，可以对生产线的运行情况进行仿真和评估。模型可以包括生产线的各个环节和相关参数，通过改变参数的数值，可以评估不同条件下的生产线效能[12]。

4.4.1　效能评估概述

1. 效能评估相关概念及流程

关于效能的基本解释为一个系统满足一组特定任务要求程度的能力或系统在规

定条件下达到预期规定目标的能力。"规定条件"指的是环境、时间、人员、操作等因素；"预期规定目标"指所要达到的目的；"能力"则是指达到目标的定量或定性程度。

按度量方式不同，效能可以分为指标效能和系统效能。指标效能即对影响效能各因素的度量，如对可靠性的度量、对生产性能的度量等，或者是对某单一目标所能达到程度的度量；系统效能是指从系统角度对影响效能的各因素进行综合评价，最后得到单一的度量值，以便于决策者参考。指标效能的度量较为简单，只反映系统的某一个或几个方面，当只关心效能的某一方面时可以考虑指标效能，而系统效能需要考虑的因素较多。

效能评估流程并不完全相同，与具体的评估方法密切相关，以评估方法作为理论支持。常用的评估方法包括层次分析法（Analytic Hierarchy Process，AHP）、ADC（Application Delivery Controller）方法、模糊综合评估法、系统效能分析法、BP（Black Propagation）神经网络、深度学习等。不同的评估方法，由于计算流程、输入参数数据、适用解决问题领域的不同等诸多因素，决定了效能评估流程也不尽相同[13,14]。

目前评估方法可分为两大类，即有专家参与的主观方法和数据主导的客观方法。主观方法与客观方法不同的是：专家参与的主观方法在确定指标体系的同时需要专家决定指标权重系数（例如通过给出判别矩阵计算得到权重系数）；而客观方法是建立在仿真数据或者同类被评估目标实际数据的基础上，通过各种数据拟合的方法构建的评估模型，利用构建的评估模型可实现对新的被评估对象的效能计算[15,16]。不论是哪一类效能评估，其基本流程均如图4-15所示。

2. 效能评估关键问题

从效能评估的主要流程可以看出，效能评估工作涉及多个环节，主要为评估指标构建、数据预处理、综合评估模型构建及计算、评估结果分析等环节，只有解决好每个环节，才能得到科学准确的评估结论。

（1）指标冗余问题 指标是衡量事物价值的标准或者评估系统的参量，是事物对主体有效性的标度。在效能评估中，通常用一些定量尺度去评价不同系统方案的优劣。一般把这类定量尺度称为效能指标（准则）或效能量度。因此评估指标的构建与优化是评估工作的基础，直接关系评估结果的准确性。在指标体系的构建时需要综合考虑评估目的、评估对象自身属性及使用环境属性等多方面因素，并根据这些因素确定评估指标体系，此时需要考虑如何构建最优的评估指标体系。一个好的指标体系应具备完备性及无冗余性两个因素。

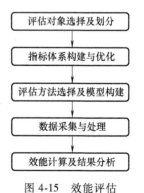

图4-15 效能评估基本流程

完备性是指评估指标集中的指标能够代表被评估对象的所有属性；无冗余性是指评估指标体系中的不同指标反映被评估对象的不同属性。而实际工程中很难既满足指标集的完备性又满足无冗余性。如果评估人员为了追求指标的完备性而忽略了指标的无冗余性，则会使得被评估对象真实效能与某些指标（特征）重复映射，相当于人为增大了这些指标的重要性，造成最终评估结果的不准确。因此，如何在保证指标完备性的前提下，尽可能地剔除冗余指标是效能评估指标构建需要研究的关键问题。

（2）数据缺失问题 在确定评估指标体系后，需要根据指标体系确定需要采集的数据，并设计实验过程。然而在实验过程中采集的实验数据往往存在量纲不统一、数据记录缺失、数据存在模糊性等问题，因此，需要首先对实验数据进行预处理，才能为后续综合评估模型构建以及效能计算提供支撑。

对数据进行归一化及去量纲化的处理比较容易实现，而数据缺失及数据模糊性的问题在实际工作中是相对比较难解决的问题。针对缺失数据（包括明显错误需要剔除的数据），如果直接剔除缺失数据所在的一组实验数据会造成人力、物力资源的浪费，而且很多情况下由于实验环境的不可重复性，无法通过重新实验获取特定的数据，因此，需要通过科学合理的方法补全这些数据。而对于包含模糊信息的数据（例如区间数据），如何去除模糊性或者如何将其用到后续的综合效能计算中也是效能评估中的一个关键问题。

（3）评估模型构建问题 从以上介绍的效能评估流程可以看出，构建评估模型并根据评估指标数据计算综合效能是效能评估工作的核心。目前，综合效能模型构建主要包括主观方法、客观方法以及主客观相结合的方法，采用何种方法要根据评估任务的实际情况决定。通常情况下，主观方法往往用于无经验样本数据，或者无仿真系统提供真实可靠仿真数据的情况，该类方法通常由相关领域专家给出评估指标和指标权重，评估的结果与评估人员有直接的关系，即受评估人员主观影响很大。

客观方法往往用于有大量历史数据或仿真数据的情况下，利用这些数据训练相关的算法模型，进而构建客观评估模型，该类方法不受评估人员自身的影响，但是该类方法的准确性受样本数据质量的影响很大，因此如何判断样本的质量，并对样本做出进一步的优化是效能评估中的一个关键问题。此外，客观方法构建的模型缺少可解释性，例如，当评估指标均是效益性指标时，有时根据样本训练的评估模型得到的指标权重包含负值，显然，此时的评估模型难以解释，为指导被评估对象效能提升造成困难。因此，探究提高客观方法构建的评估模型的可解释性也是效能评估中的一个关键问题。

（4）评估结果可信性问题 效能评估过程中存在诸多不确定性，如评估专家的主观性、数据采样的随机性、仿真模型的近似性、评估方法的片面性等，这些因素都会影响效能评估结论的可信性。

4.4.2　指标体系构建及优化

采集哪些数据，如何通过这些数据进行效能计算是效能评估部分的核心，其中采集哪些数据取决于如何构建评估指标集。为科学合理地评估生产线的总体效能，需要根据被评估对象的特点和生产环境要素选取相应的指标，并构建评估指标体。

1. 效能评估指标体系构建

（1）指标体系集与评估要素之间的关系　效能评估往往需要根据被评估对象选取效能评估指标，构成层次指标体系。通常的效能指标体系结构如图 4-16 所示。综合评估某一事务所涉及的各相关要素构成评估要素集。各个要素的重要程度可能相同，也可能不同。用来评估该事物的一系列指标构成了评估指标集，评估指标集是评估要素集的一个映射，一个评估要素集存在多个映射指标集，建立合理的评估指标体系就是在多个映射指标集中寻优。通常评估指标集与评估要素存在 4 种对应关系，即一对一关系、一对多关系、多对一关系和多对多关系。

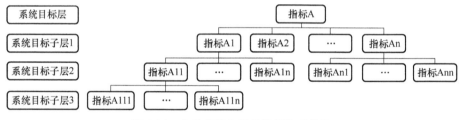

图 4-16　典型多层次评估指标体系结构

（2）指标体系构建原则　指标体系的构建，多数情况下是按照个人"喜好"进行的，不同的评价者，从不同的角度出发，会得到不一样的指标体系，因此在实际的工程实践中往往采用多专家融合的方法确定最终的指标集。但是不管每个人的"喜好"怎样，在面对效能评估指标构建时，指标选取要遵循目的性、全面性、可行性、稳定性、协调性、结合性等基本的原则。

然而，指标体系的全面性不可避免地会造成指标重叠，指标的个数越多，能反映的信息量就越大。但是，指标间信息重叠的程度就可能越多，而且，指标个数越多，会使一些对生产效能影响不大的指标被纳入指标体系，而使得真正反映指标体系特征的重要指标对评价对象的刻画程度下降，从而影响指标体系的评价精度。因此，需要在指标体系的全面性和独立性以及评价精度之间进行综合权衡。此外，指标体系在反映评估目的的必要性、指标数据获取的可行性、指标体系的稳定性等方面都需要进行客观的评价。

建立指标体系的过程中，不仅要考虑指标对评估对象的刻画，同时还要考虑指标体系的整体逻辑层次关系。因此，在建立指标体系时，应当运用系统分析方法，遵循指标体系内部各要素之间的逻辑关系，从不同层面进行指标挖掘。确定评价的总目标，对各种影响因素及其相互之间的逻辑关系进行深入分析，将总目标逐层分解，得到各级子目标。子目标由多个具体指标构成，用来评估对象某一方面目标的实现程度。

（3）指标体系构建的总体思路　指标体系的构建是一个"具体-抽象-具体"的逻辑思维过程，是人们对评估对象本质特征的认识逐步深化、逐步精细、逐步完善、逐步系统化的过程。如图 4-17 所示，构建指标体系的关键是对指标进行优化，其主要思想是在构建指标体系全集的基础上，合理删除冗余指标。通过前面的介绍可以看出，指标约简与信息系统（决策系统）的属性约简的目的和原则是一致的，利用属性约简的算法完全可以实现评估指标的约简，且是科学合理的。

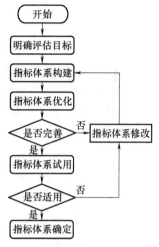

图 4-17　指标体系构建流程

2. 基于灵敏度分析的指标优化方法

在对生产线制造能力评估过程中，评估指标的数据每时每刻都在发生变化，不同时刻各指标数据对于评价对象的重要程度都有可能发生变化。不同指标数据之间有可能反映相同的信息，即指标间有可能产生信息的重叠，从而产生信息的冗余，部分数据信息在评估时会被反复强调，进而有可能扭曲评估的结果。因此在评估过程中，为了避免在一些不必要的数据上面浪费计算时间，同时使得评估结果更加准确，有必要对指标进行降维处理。

目前主成分分析、因子分析等作为应用最广泛的降维方法，同样被用于综合评价、模式识别等诸多领域。但这些方法仍存在部分问题，如主成分的经济含义难以确定，以及因子载荷矩阵不唯一等问题。并且这些降维方法大多没有考虑到指标对整体指标集信息影响程度的大小，在降维过程中有可能丢失一些对整体影响较大的信息。基于指标信息敏感性对评估指标进行降维优化，可以保证被保留的指标信息对原始指标集信息的影响都较为显著，并且评估指标集间信息重叠程度比较低。信息敏感性反映某指标对原始指标集信息影响程度的大小，信息敏感性越大，表明这个指标在原始指标体系中越重要，相应地对评估结果影响越显著；反之，表明指标变化对评估结果影响越小。

利用指标的数据信息灵敏度对指标数据进行降维是在主成分分析降维法的基础上发展而来的。设指标标准化后的数据矩阵为 $X=(x_{ij})_{n \times m}$，其中，n 代表指标数据量，m 表示指标个数，为第 j 个指标的第 i 个数据，利用信息敏感性对指标进行降维的步骤如下：

1）求解主成分 Z_i。

$$Z_i = u_{i1}X_1 + u_{i2}X_2 + \cdots + u_{ij}X_j + \cdots + u_{im}X_n \tag{4-1}$$

式中，Z_i 表示第 i 个主成分；X_j 是指标数据经 Z 标准化后第 j 个指标的值，为指标相关系数矩阵的正交单位化的特征向量的第 j 个分量。

2）计算主成分的方差贡献率 ω_i。

$$\left| X^{\mathrm{T}}X - \lambda_i E_m \right| = 0 \tag{4-2}$$

$$\omega_i = \frac{\lambda_i}{\sum\limits_{i=1}^{n} \lambda_i} \tag{4-3}$$

式中，λ_i 是相关系数矩阵 $X^{\mathrm{T}}X$ 的特征值，方差贡献率 ω_i 反映第 i 个主成分的信息含量占全部原始指标数据信息含量的比例。

3）计算累计方差贡献率。

$$\Omega_k = \sum_{i=1}^{k} \omega_i \tag{4-4}$$

式中，k 表示保留的主成分个数，通常在灵敏度分析中保留累计方差贡献率达到 70%~90% 的信息含量较大的几个指标，保留下来的指标能够近似代表原始指标集数据信息对于评估结果的重要性。

4.4.3　实时数据库

数据库是一种用于存储和管理数据的软件系统，它可以帮助用户有效地组织和检索各种类型的数据，将数据以一定的结构组织、存储在一起，并能与多个用户共享，且具有较小冗余度，是信息系统开发中的关键技术之一。数据库有多种不同类型，其中关系型数据库是最常见的一种。在开发生产线信息数据库管理系统的过程中，因为数据库设计是基于对生产线业务逻辑的数据抽象，所以数据库的设计是重中之重。它上承系统需求分析，从生产需求中抽取实体和关系，并落实成数据表和字段；下启系统具体的功能开发，直接影响功能开发的具体内容。

数据库设计由两个主要阶段组成，即逻辑数据库设计和物理数据库设计。实时数据库系统（Real Time Database System，RTDBS）是指数据和事物都具有时序特性或者明显的定时限制的数据库系统。实时数据库一般是由内存数据库和历史数据库组成的，其中内存数据库用于快速存储生产数据，历史数据库用于对生产数据进行持久化存储。

4.4.4　数据预处理

效能评估中的数据来源于仿真系统测试环境及物理实体实验环境，因此存在大量异构数据，甚至错误、缺失的数据。不同指标的数据需要进行处理后才方便用于后续效能评估。因此，这里简要介绍效能评估数据的常用处理方法，包括数据的标准化处理、离散化处理、数据清洗以及不完备信息填充技术。

1. 数据标准化

数据是信息系统的基础，效能评估试验中采集到的数据往往存在量纲、尺度不统一等问题，在进行效能评估前，通常需要进行标准化处理。数据标准化（Normalization）主要体现在对数据信息的分类和编码方面。对数据信息的分类是指根据一定的分类指标形成相应的若干层次目录，构成一个有层次的逐级展开的分类体系。数据的编码设计是在分类体系基础上进行的，数据编码要坚持系统性、唯一性、可行性、简单性、一致性、稳定性、可操作性和标准化的原则，统一安排编码结构和码位。数据标准是数据共享和系统集成的重要前提，数据标准化可以提高效率，有利于系统应用，实现数据共享，减少数据采集工作。

（1）**Min-Max 标准化**　Min-Max 标准化也称为离差标准化，是对原始数据的线性变换，使结果落到 [0，1] 区间。构建的评估指标体系由多个子指标组成，由于选取的指标类型不同，因此不同的指标有不同的单位，从而导致指标在数值表示上存在差异，会对最后综合评估值的大小比较造成不利影响，不利于进行合理的评估判断，因此需要对评估指标数据进行标准化处理。在智联生产线中，建立的是一个最大型和最小型指标共同存在的指标体系。对于时间性指标来说，应该越短越好，因此时间性评估指标都是最小型指标；对于质量性指标来说，应该越高越好，因此将质量性指标划分为最大型指标。

对于最大最小型指标的标准化处理采用极值处理法，具体处理方式如下：

$$y_{\max} = \frac{y_{0l} - \min y_0}{\max y_0 - \min y_0} \tag{4-5}$$

$$y_{\min} = \frac{\min y_0 - y_{0l}}{\max y_0 - \min y_0} \tag{4-6}$$

（2）**Z-score 标准化**　Z-score 标准化也叫标准差标准化，经过处理的数据符合标准正态分布，即均值为 0，标准差为 1，其转化函数为

$$y_i = \frac{x_i - \bar{x}}{s} \tag{4-7}$$

式中，$\bar{x}$ 为所有样本数据的均值；s 为所有样本数据的标准差。经过 Z-score 标准化后，各变量将有约一半观察值的数值小于 0，另一半观察值的数值大于 0，变量的平均值为 0，标准差为 1。经过标准化的数据都是没有单位的纯数量。Z-score 标准化是当前用得最多的数据标准化方法。如果特征非常稀疏，并且有大量的 0（现实应用中很多数据特征都具有这个特点），则 Z-score 标准化的过程几乎就是一个除 0 的过程。

（3）**归一标准化**　归一标准化处理后的所有数据之和为 1，其转化的数为

$$y_i = \frac{x_i - \bar{x}}{\sum\limits_{i=1}^{n} x_i^2} \tag{4-8}$$

则新序列 $y_i \in [0,1]$ 且无量纲，并且显然有 $\sum\limits_{i=1}^{n} y_i = 1$。归一化方法在确定权重

时经常用到。针对实际情况，也可能有其他一些量化方法，或者要综合使用多种方法，总之最后的结果都是无量纲化。

2. 数据离散化

数据离散化是在最小化信息损失的前提下，根据设定的离散化准则选择连续型数据的若干个最优划分，将连续型数据转化成少量的有限区间，同时采用整数型或字符型数据量化离散化区间的值。因此，通过对生产线系统数据进行离散化处理，能够有效简化数据，满足挖掘算法的适用需求，提高挖掘算法的学习能力，从而提取有价值的规则。

4.4.5　综合效能评估

在确定评估指标集的基础上，效能评估工作需要解决的另一个重要问题是设计科学的评估方法以构建评估模型，并用来计算综合效能结果。这种结果包括定性结果和定量结果两种形式。

目前关于综合效能评估方有先计算指标权重后进行加权的评估模型，也有基于数据拟合的评估模型。比如，AHP 方法及 ADC 方法就是计算出权重后进行加权的方法，而基于数据构建的客观评估模型包括粗糙集、神经网络及深度学习等方法。目前确定权重的方法分为 3 类：①主观赋权法，如德尔菲法、AHP 方法、相邻指标比较法等；②客观赋权法，如均方差法、PCA 方法、离差最大化法、熵值法等；③主客观相结合的组合赋权法。客观赋权法通过大量数据分析确定权重，客观性强且精度较高，但有时会与实际情况相悖，对所得结果也难以给出明确的解释，而且在实际应用中较难获取足够的实际数据，故对于复杂的多指标决策问题，主观赋权法的运用较多。此外，为了结合两种方法的优点，相关学者还提出了主客观融合的赋权方法。

（1）层次分析法　适用性广，特别是对无结构特性以及多目标、多准则的系统；定性与定量结合，能把多目标、多准则以量化决策的方式呈现为多层次单目标问题；所需定量数据较少，能够处理许多用传统的最优化技术无法解决的问题。但是不能为决策系统提供新方案；而且定量数据较少、定性成分多，结果客观性较差；另外，指标过多时，数据统计量大且权重难以确定。

（2）模糊综合评判法　能对蕴藏信息呈现模糊性的评价对象做出比较科学、合理的量化评价；评估结果为向量值，包含的信息比较丰富。但是计算复杂，对指标权重向量的确定主观性较强；当指标集较大时，可能会出现隶属度结果比较无法区分的问题。

（3）指数法　能够将各个评估指标综合起来，从而全面地评估方案的效果；通过将各个指标转化为综合指数，可以更直观地展示评估结果，便于决策者理解；指数法可以根据具体情况对指标进行加权，从而更好地反映不同指标的重要性；不同方案的评估结果可以通过综合指数进行比较，便于选择最佳方案。但是权重的确定往往依赖于决策者的主观判断，可能存在一定的主观偏差；指数法需要准确、可靠的数据支持，如果数据不完整或者存在误差，将会对评估结果产生影响；指数法将各个指标进行加权后，会忽略指标之间的相互关系，导致评估结果不够准确。

（4）BP 神经网络法 可以处理非线性、复杂的系统，并且可以自适应地调整模型参数以适应不同的系统环境和工作负载；同时，神经网络模型具有良好的泛化能力，可以对未知系统进行预测和评估。但是泛化能力取决于数据集的质量、神经网络模型的选择和设计，以及训练和测试的策略等因素[17,18]。

（5）DNN 深度学习方法 模型通常可以通过大量的训练数据和复杂的神经网络结构来学习和表征数据的复杂关系，从而实现较高的准确性；深度学习模型能够自动学习和提取数据中的有用特征，无需人工手动设计，从而减轻了人工操作的负担；深度学习模型在训练过程中通过优化算法不断调整模型参数，使得模型具有较好的泛化能力，从而可以适应各种不同的输入数据。但是原始指标还是需要由专家设定范围；且仅侧重于缩减原始指标维数，缺少数据特征提取过程。

4.4.6 智联生产线效能评估方法

本节将构建面向生产线的多层级评估指标体系，并针对评估模型不完善以及生产过程数据不完整的问题，提出一种基于多策略组合赋权与指标灵敏度分析的数据-模型混合驱动效能评估方法。利用模型驱动方法完成评估指标体系的建立以及相应权重值的赋予，利用数据驱动挖掘生产过程数据内在信息，筛选出对生产线效能评估结果影响较大的评估指标因素，完成对评估指标体系的优化并结合实例分析证明该方法的可行性以及科学性。

1. 智联生产线数据-模型混合驱动效能评估

传统的对生产线级的生产效能评估大多采用模型评估方法，且主要集中在对单个设备的生产效能评估上，通过对生产线上不同设备的生产效能评估结果进行综合，实现对生产线的生产效能评估，并没有对生产线各种层级和各种不同的设备进行协同评估。

模型驱动的优点是有很好的概率与数理统计等数学基础，模型明确，研究基础广泛，可解释性强；实现过程较为简单，容易应用。但模型驱动存在的缺点是对于高维非线性问题的计算处理能力有限；处理复杂数据时，一般采用减少系统状态数等手段来保障评估的快速性，造成速度与精度的矛盾，这一矛盾会随着系统复杂程度的加深而进一步恶化；评估指标体系多样化且标准不统一。

数据驱动非线性拟合能力强，计算速度快；自学习能力强，能够更全面的考虑影响系统运行状态的因素并挖掘数据内在联系，提升结果的准确性；实时响应能力强，计算效率高；对具体数学模型依赖程度低，能够突破模型驱动环节的技术瓶颈。但缺点是需要大量的运行数据样本；常常需要模拟故障场景以获取数据，保证评估过程所采用的正负样本数据相互均衡；存在准确率上限，过拟合、欠拟合风险。

2. PCB 微孔钻削智联生产线

PCB 微钻加工智联生产线包括两个区域，即库存区和加工区。在库存区设有立体仓库、二轴取物平台以及供 AGV 小车进入的出/入库口。AGV 小车装载好货物后，从库存区进入公共区，再从公共区进入加工区。AGV 小车的行进轨道设置成双向单车道以实现多台 AGV 小车同时工作。加工区中部署有打标机、传送带、缓冲平台、钻孔平台、检测平台等设备。

根据研究需要，建立了 PCB 微孔钻削智联生产线虚拟仿真与可视化系统，其功能不仅是生产线部分的可视化显示，还具有生产流程仿真分析，以及输出仿真结果的能力。再根据仿真结果与实际需求，完成生产订单的优化分配及作业流程和加工工序的优化。结合产线工艺流程、物料资源运输、工厂设备资源等信息，在 Tecnomatix Plant Simulation 中进行生产线流程信息建模，并对生产线加工工艺流程和物流系统进行仿真。利用生产流程的模拟仿真结果优化实际产线的生产资源配置，提高生产效率。

生产线的运行会产生大量的数据，现代化生产线对数据传输提出了更高的要求，本章通过分析基于数字孪生的生产线仿真建模与可视化技术，介绍生产线数字孪生的构成，通过 Solidworks 对产线设备进行实体建模并导出相应的三维模型。

生产加工过程是一个由多种设备组成的动态过程，复杂程度较高，对于物理模型分析存在较大的问题。通过数字孪生建模生产线，能够模拟生产过程，对生产过程存在的潜在问题进行提前预测，将得到的结果反馈到物理生产线，以完成对生产过程的优化。在 Unity 3D 中搭建虚拟生产线模型，将物理实体生产线实时映射到虚拟生产线模型中，通过数字孪生的数据驱动进行生产线的验证与指导。现阶段的生产线模型在实际运行过程中，需要解决的一大问题就是信息孤岛问题。基于数字孪生的生产线模型，可以实时动态了解生产线的设备以及生产资源使用情况，对模型的结果进行分析，指导调整产线设备的运行状况，高效率地利用生产设备。

3. 生产线评估指标体系

生产线中任何单元级的不可靠因素都会不同程度地累积下来，并通过缓冲区的作用在一段时间后影响整线的产出。因此在进行评价时全面考虑生产线的各个环节，根据生产线结构特点和相关行业的调研报告，选定成本、时间、质量、效率、柔性作为智联生产线效能评估指标体系的二级评估指标，各二级指标又包含若干三级指标，如图 4-18 所示。对于各评估层级的指标，以可量化、数据可获得以及有明确的物理意义为选取原则。

4. 生产线评估指标处理

（1）标准化处理 构建的评估指标体系由多个子指标组成，由于选取的指标类型不同，不同的指标有不同的单位，从而导致指标在数值表示上存在差异，会对最后综合评估值的大小比较造成影响，不利于进行合理的评估判断，因此需要对评估指标数据进行标准化处理。这里建立的是一个最大型和最小型指标共存的指标体

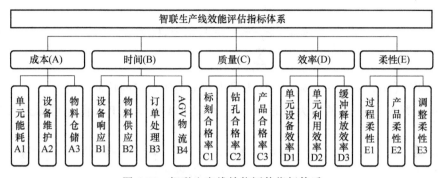

图 4-18　智联生产线效能评估指标体系

系。对时间性指标来说，应该越短越好，因此时间性评估指标都是最小型指标；对质量性指标来说，应该越高越好，因此质量性指标划分为最大型指标。对于最大最小型指标的标准化处理采用极值处理法，具体处理方式如下：

$$y_{\max} = \frac{y_{0l} - \min y_0}{\max y_0 - \min y_0} \tag{4-9}$$

$$y_{\min} = \frac{\min y_0 - y_{0l}}{\max y_0 - \min y_0} \tag{4-10}$$

（2）多策略组合赋权　对经过初次筛选的评估指标进行多策略组合赋权，该方法能够通过综合主观因素、相关性因素和信息量因素来进行组合赋权，并最终选取每个聚类下组合权重最大的指标作为筛选结果。

1）主观性赋权。采用模糊层次分析法对每一层级中各因素相对重要性进行判断，采用方根法求解各指标权重，具体实现方式如下：

① 构造判断矩阵。判断矩阵的元素 δ_{ij} 表示指标 Y_i 对 Y_j 的相对重要程度，且有 $\delta_{ij} = 1$，$\delta_{ji} = \dfrac{1}{\delta_{ij}}$。由于 δ_{ij} 可以近似地认为是两个指标权重的比值 $\dfrac{\omega_i}{\omega_j}$，则权重向量 W 为 Δ 最大特征值 $\lambda_{\max}$ 所对应的特征向量。采用 1~9 标度法构建的指标判断矩阵 Δ 形式为

$$\Delta = \begin{bmatrix} B_{11} & \cdots & B_{n1} \\ \vdots & \ddots & \vdots \\ B_{1m} & \cdots & B_{nm} \end{bmatrix} \tag{4-11}$$

② 求解特征向量和最大特征值。首先，按行取各元素的平均值，即将各元素连乘并开 I_* 次方

$$\overline{\delta}_i = I_* \sqrt{\prod_{j=1}^{I_*} \delta_{ij}} \quad (i = 1, 2, \cdots, I_*) \tag{4-12}$$

式中，I_* 是已聚为一类的指标个数。

然后，将 $\overline{\delta}_i$ 进行归一化，即可求得各指标的权重

$$\omega_{i\pm} = \frac{\overline{\delta}_i}{\sum\limits_{l=1}^{I_*} \overline{\delta}_l} (i = 1, 2, \cdots, I_*) \tag{4-13}$$

则向量 $W = (\omega_1, \omega_2, \cdots, \omega_{I_*})^{\mathrm{T}}$ 即为最大特征值所对应的特征向量。

由于判断矩阵 $\boldsymbol{\Delta}$ 的最大特征值 $\lambda_{\max}$ 满足：$\boldsymbol{\Delta} W = \lambda_{\max} W$，由此可得最大特征值为

$$\lambda_{\max} = \frac{1}{I_*} \sum_{i=1}^{I_*} \frac{\sum\limits_{j=1}^{I_*} \delta_{ij}\omega_j}{\omega_i} \tag{4-14}$$

③ 一致性检验并修正。由于判断矩阵是决策者判断思维的数学化产物，且人类思维具有一致性，因此各元素之间的关系应该具有传递性，即 $\delta_{ij} = \delta_{ik}\delta_{kj}$。但当指标较多时，受决策者的知识水平和个人偏好的影响，所构造的判断矩阵不一定满足一致性条件。因此，为了保证可信度和准确性，有必要进行一致性检验。

衡量矩阵 $\boldsymbol{\Delta}$ 不一致程度的指标为一致性指标 CI，定义为

$$CI = \frac{\lambda_{\max} - I_*}{I_* - 1} \tag{4-15}$$

随机一致性比例 $CR = CR/RI$，并认为当 $CR < 0.1$ 时，$\boldsymbol{\Delta}$ 满足一致性要求；否则认为初步建立的 $\boldsymbol{\Delta}$ 不能令人满意，需要重新赋值，直至通过一致性检验。

2）相关性赋权。代表性指标应该具有反映所在聚类整体属性的能力，这就要求该指标与其他指标具有较高的相关程度。通常表征指标间的相关性大小的参数有相关系数、夹角余弦、灰色关联系数等。由于本文聚类分析时已经采用皮尔逊相关系数得到了各指标间的相关系数矩阵，因此本节采用该参数求解各指标相关性权重，过程如下：

① 求各指标相关系数。I_* 是已聚为一类的指标个数，Y_i 为聚类后指标个数，$\overline{\rho}_i$ 为每一个指标与其他 $I_* - 1$ 个指标的相关系数，表征该指标与其他指标的相关性。

$$\rho_{ij} = \frac{\sum\limits_{l=1}^{s} (y_{il} - \overline{y}_i)(y_{jl} - \overline{y}_j)}{\sqrt{\sum\limits_{l=1}^{s} (y_{il} - \overline{y}_i)^2} \sqrt{\sum\limits_{l=1}^{s} (y_{jl} - \overline{y}_j)^2}} \tag{4-16}$$

② 各指标相关系数。

$$\overline{\rho}_i = \frac{1}{I_* - 1} \Big(\sum_{j=1}^{I_*} |\rho_{ij}| - 1 \Big) \tag{4-17}$$

③ 归一化求相关权重。将 $\overline{\rho}_i$ 进行归一化，即可求得各指标的相关性权重

$$\omega_{i相} = \frac{\bar{\rho}_i}{\sum_{l=1}^{I_*} \bar{\rho}_l} \tag{4-18}$$

3）数据信息量赋权。本节构建生产线可用性评价指标体系的目的之一是为了能够区分不同生产线的可用性水平，因此作为代表性指标，其本身应该具有一定的信息含量。假如某指标在所有待评价的生产线上的得分几乎一致，则说明该指标缺乏鉴别力，不能够区分不同生产线的可用性差异。通常反应指标信息量的方法有极大离差法、方差法、变异系数法及熵值法等，本节采用变异系数法来求解各指标信息量权重，过程如下：

① 求各指标变异系数。变异系数是用来反映指标中各样本观测值离散程度的一种统计量，定义为标准差与均值之比。指标 Y_i 的变异系数 cv_i 为

$$cv_i = \frac{\sqrt{\frac{1}{s-1}\sum_{i=1}^{s}(y_{il} - \bar{y}_l)^2}}{\frac{1}{s}\sum_{i=1}^{s} y_{il}} \tag{4-19}$$

由于变异系数消除了均值对变异程度的影响，因此尤其适用于比较不同测量尺度或量纲的指标。变异系数越大，表明该指标在生产线可用性评价中的分布变异性越大，所包含的信息也越多，因而具有较强的特征辨识能力，应予以较大的权重；反之，应予以较小的权重。

② 归一化求信息量权重。在求解信息量权重时，应对同一聚类中各指标的变异系数做比较。将 cv_i 进行归一化，即可求得各指标的信息量权重

$$\omega_{i数} = \frac{cv_i}{\sum_{l=1}^{I_*} cv_l} \tag{4-20}$$

5. 分析及验证

（1）产线数据采集 PCB 微孔钻削智联生产线由 6 个生产设备单元组成，数据为生产线实际运行过程中的实时数据以及过程数据。

1）单元级设备参数数据。单元级设备参数数据主要为生产线各设备平均故障间隔时间（mtbf）、平均修复时间（mttr）、平均工作时间（mptbf），具体数据见表 4-2。

表 4-2 单元级设备参数数据

设备名称	mtbf	mttr	mptbf
智能仓库	200	0.5	186
AGV	100	1	76
机械臂-1	200	0.6	172
传送带-1	200	0.6	266

（续）

设备名称	mtbf	mttr	mptbf
打标机	300	0.6	160
机械臂-2	200	0.6	172
缓冲区	500	0.5	482
钻床	200	1.5	126
视觉检测	200	1	169
传送带-2	300	0.6	272

2）缓冲区参数数据。缓冲区数据主要为各时间段缓冲区待加工物料个数，以此来计算缓冲区利用率、缓冲区容量释放速度以及缓冲区允许容量，选取缓冲区 8 组时间段运行数据，见表4-3。

表4-3　缓冲区参数数据

数据组	t1	t2	t3	t4	t5	t6	t7	t8
缓冲区	4	3	2	3	3	2	3	3

3）生产线参数数据。表4-4为8组生产线设备的工作时间配置。

表4-4　生产线参数数据

数据组	t1	t2	t3	t4	t5	t6	t7	t8
物料出库	30	26	28	27	28	27	29	30
AGV 运送	60	58	57	56	58	57	58	58
机械臂-1	1	1	1	1	1	1	1	1
传送带-1	8	9	9	9	8	8	9	9
打标机	2	1	1	1	2	2	1	1
机械臂-2	1	1	1	1	1	1	1	1
钻床	150	148	149	150	149	149	150	150
视觉检测	10	10	9	10	9	9	10	10
传送带-2	8	8	7	8	8	7	8	7
AGV 运送	57	58	57	56	58	57	59	58
成品入库	29	27	28	26	27	28	29	29

（2）产线数据处理　生产线评估指标数据的主观性赋权采用层次分析法 $1 \sim 9$ 标度法构建矩阵表示单元级、缓冲区级、生产线级评估指标间的相对重要性

$$\Delta = \begin{vmatrix} 1 & 1/2 & 1/4 & 1/2 & 1/3 \\ 2 & 1 & 1 & 1/4 & 1/2 \\ 4 & 1 & 1 & 1/2 & 1/5 \\ 2 & 4 & 2 & 1 & 1/2 \\ 3 & 2 & 5 & 2 & 1 \end{vmatrix} \qquad (4\text{-}21)$$

根据以上所述计算公式，用 MATLAB 求出分类之后各评估指标主观性权重，同理求出生产线评估指标相关性权重以及数据信息量权重计算结果。

通过上述分析，得到了不同策略下的指标权重，对指标各权重进行综合以得到指标的组合权重。线性加权组合法的计算方法为

$$\omega_{组} = \varepsilon_{主}\omega_{i主} + \varepsilon_{相}\omega_{i相} + \varepsilon_{数}\ \omega_{i数} \tag{4-22}$$

组合赋权的关键是权重系数的确定。注意：这里的权重系数为不同加权方法的权重，不是指标权重。由以上方法可得到单个指标的综合权重值。

加权系数应该既能反映决策者对每一种赋权方法的主观偏好，又能反映各种赋权方法的一致程度，可以表示为 $\alpha_k = \theta\eta_k + (1-\theta)\varepsilon_k$，其中，$\theta$ 表示决策者对主观赋权方法的偏好程度；η_k 表示主观方法求取的第 k 种赋权方法的权系数；ε_k 表示客观方法求取第 k 种赋权方法的权系数。由组合赋权方法的数学理论基础可知，组合赋权所得评估结果应该尽量与主观赋权和客观赋权所得评估结果保持一致，因此若一种赋权方法所得评估结果与其他几种赋权方法所得评估结果贴近度越高，则该赋权方法的加权系数就越大。设规范化后指标矩阵为

$$\mathbf{R} = (r_{ij})_{n \times m} \tag{4-23}$$

设决策者选取 p 种赋权法确定的指标权重为

$$u_k = (u_{k1}, u_{k2}, \cdots, u_{km}), k = 1, 2, \cdots, p \tag{4-24}$$

则在基于最小二乘原理的组合赋权法中定义第 k 种赋权方法所得评估结果与其他赋权方法所得评估结果间的距离为

$$d_k = \sum_{i=1}^{n} \sum_{l=1}^{m} |u_{kj} - u_{lj}| r_{ij} \tag{4-25}$$

基于对数最小二乘原理的组合赋权中定义第 k 种赋权方法所得评估结果与其他赋权方法所得评估结果间的距离为

$$d'_k = \sum_{i=1}^{n} \sum_{i=1}^{m} |\ln(u_{kj}) - \ln(u_{lj})| r_{ij} \tag{4-26}$$

则第 k 种赋权方法的加权系数为

$$\varepsilon_k = \frac{\left(\dfrac{1}{d_k}\right)}{\sum_{k=1}^{p} \dfrac{1}{d_k}} \tag{4-27}$$

各评估指标权重及相应组合权重见表 4-5。

表 4-5　评估指标多策略赋权结果

评估指标	主观权重	相关性权重	数据信息量权重	综合权重值
A_1	0.50000	0.35069	0.35450	0.36840
A_2	0.66667	0.50000	0.40841	0.52503

（续）

评估指标	主观权重	相关性权重	数据信息量权重	综合权重值
A_3	0.25000	0.33967	0.40471	0.33146
B_1	0.30769	0.38399	0.26387	0.31852
B_2	0.66667	0.50000	0.35170	0.50612
B_3	0.61538	0.37068	0.29644	0.42750
B_4	0.40000	0.35579	0.36776	0.37452
C_1	0.33333	0.25127	0.28398	0.28953
C_2	0.25000	0.33967	0.40471	0.33146
C_3	0.25000	0.15645	0.08785	0.16477
D_1	0.25000	0.17155	0.20585	0.16746
D_2	0.66667	0.50000	0.50174	0.50058
D_3	0.50000	0.50000	0.50291	0.50094
E_1	0.50000	0.50000	0.49709	0.49903
E_2	0.66667	0.50000	0.35170	0.50612
E_3	0.66667	0.10530	0.09142	0.39667

　　以上为智联生产线选取指标的多策略组合赋权结果，根据选取的各指标综合结果，保留结果值在0.3以上的指标，这些指标是影响智联生产线生产效能最明显的因素。

4.5　本章小结

　　制造资源实时信息的主动感知与集成是进行智能制造效能评估的基础，也是产品全生命周期中各个管理系统进行信息交互的前提。为此，本章重点阐述了智联生产线数据采集与处理、制造资源服务化封装与云端化、智联生产线自主智能协同评估等关键技术。研究了基于关键事件的制造资源实时数据主动感知与集成架构，阐述了该架构的关键组成部分。通过智能制造对象配置、制造资源端实时数据的感知与获取、实时制造信息传输、关键事件处理，实现多源异构数据与制造执行过程的信息交互。实时数据通过各种协议/端口传输至智联生产线数据库，数据库通过数据中台可将数据实时封装上传至云端服务器。构建了面向生产线的多层级评估指标体系，并针对评估模型不完善以及生产过程数据不完整的问题，提出了一种多策略组合赋权与指标灵敏度分析的数据-模型混合驱动效能评估方法，建立了智联生产线生产效能评估指标体系及评估模型，通过云端服务器调取数据实现智联生产线效能评估。

参 考 文 献

［1］　PARENTE M, FIGUEIRA G, AMORIM P, et al. Production scheduling in the context of Indus-try 4.0：review and trends ［J］. International Journal of Production Research，2020，58 (17)：5401-5431.

［2］　刘敏. 制造物联主动感知事件驱动的加工作业调度问题研究 ［D］. 广州：华南理工大学，2021.

［3］　杨正益. 制造物联海量实时数据处理方法研究 ［D］. 重庆：重庆大学，2012.

［4］　DING K，JIANG P. RFID-based Production Data Analysis in an IoT-enabled Smart Job-shop ［J］. IEEE/CAA Journal of Automatica Sinica，2018，5 (01)：128-138.

［5］　李文华. 基于 KPI 的离散制造车间复杂事件权重研究 ［D］. 北京：清华大学，2011.

［6］　LU T，ZHA X，ZHAO X. Multi-stage monitoring of abnormal situation based on complex event processing ［J］. Procedia Computer Science，2016，96：1361-1370.

［7］　王亚辉，郑联语，樊伟. 云架构下基于标准语义模型和复杂事件处理的制造车间数据采集与融合 ［J］. 计算机集成制造系统，2019，25 (12)：3103-3115.

［8］　MIETTINEN K. Nonlinear multiobjective optimization ［M］. Berlin：Springer Science & Business Media，2012.

［9］　LUCKE D，CONSTANTINESCU C，WESTKÄMPER E. Smart factory-a step towards the next generation of manufacturing ［C］ //Manufacturing Systems and Technologies for the New Fron-tier：The 41 st CIRP Conference on Manufacturing Systems May 26-28，2008，Tokyo，Japan. Springer London，2008：115-118.

［10］　VRBA P，MACŮREK F，MAŘLK V. Using radio frequency identification in agent-based con-trol systems for industrial applications ［J］. Engineering Applications of Artificial Intelligence，2008，21 (3)：331-342.

［11］　张映锋，张耿，杨腾，等. 云制造加工设备服务化封装与云端化接入方法 ［J］. 计算机集成制造系统，2014，20 (08)：2029-2037.

［12］　贾玉辉. 生产线可用性的指标体系及其建模 ［D］. 长春：吉林大学，2018.

［13］　张泽玉. 面向车间多级体系的工业机器人装备制造能力评估方法研究 ［D］. 武汉：武汉理工大学，2018.

［14］　ASHIQUZZAMAN A，LEE H，UM T W，et al. Energy-efficient IoT sensor calibration with deep reinforcement learning ［J］. IEEE Access，2020，8：97045-97055.

［15］　郭亚军. 一种新的动态综合评价方法 ［J］. 管理科学学报，2002，(02)：49-54.

［16］　李辰，陈浩，李建勋. 多形态卷积并行神经网络建立效能评估指标体系 ［J］. 电光与控制，2021，28 (11)：31-34+93.

［17］　何媛，甘旭升，涂从良，等. 基于粗糙集和神经网络的无人机侦察效能评估 ［J］. 火力与指挥控制，2021，46 (03)：20-25.

［18］　吕惠东. 基于神经网络的通信网络效能评估方法研究 ［D］. 北京：北京交通大学，2021.

第5章　智联生产线生产管控系统

5.1　引言

工业互联网时代的到来将会实现人与物全面互联，以工业互联网时代为代表的信息革命将会像工业革命一样彻底改变传统生产模式，而智联生产线则是工业互联网背景下生产的最小载体。传统的制造信息化系统包括制造执行系统（Manufacturing Execution System，MES）、数据采集与监控（Supervisory Control And Data Acquisition，SCADA）系统、企业资源规划（Enterprising Resource Planning，ERP）系统等，具有金字塔结构。作为制造企业连接管理层和现场控制层的信息化系统，生产管控系统在生产线生产管理、数据采集、生产监控和资源调配方面发挥着重要的作用。但随着生产线智能化程度的提高，传统生产管控系统的弊端越发明显。比如，在生产线信息化建设中存在条块分割、信息孤岛现象，缺乏整体规划。在产品的信息化管理方面，缺乏工序状态的全生命周期信息。同时管控系统通用性和继承性差，当生产线需要进行设备调整时，新的智能设备难以融入系统，无法满足设备更新换代的要求。

智联生产线是工业互联网下新一代信息通信技术与现代工业技术深度融合的产物，是实体制造业数字化、网络化、智能化的重要载体。基于物联网的生产线生产管控系统作为新一代工业互联网系统，是智联生产线的重要组成部分。智联生产线以智联生产线工业化与信息化融合为主线，设计智联生产线融合式生产管控系统。基于智联生产线的融合式生产管控系统的研究作为对未来工业信息系统的应用探索，致力于改变传统制造企业的生产、经营和决策模式，推动技术研究和产业应用相互促进，具有重要的研究价值和实际意义[1]。

5.2　智联生产线生产管控系统的搭建

智联生产线涉及的设备种类多、数量大，5G、数字孪生、物联网等新兴技术在生产线的深度应用也使得智联生产线的智能化、数字化水平越来越高。智联生产线产生的海量数据信息集成以及生产过程的透明化等问题，给生产管理系统系统带来了新的挑战。一方面，数字化设备产生的大量生产数据和系统运行时产生的系统数据为数据管理带来挑战；另一方面，实时系统对数据运算、控制量输出、报警等功能实时性要求高，而落后的采集存储方式无法提供有效的决策支持。因此，迫切需要可以对生产线运行过程中物理生产线、管控系统产生的各种数据信息进行实时集成化处理的多维数据实时数据库，以便对生产过程进行实时监控，动态了解生产线制造的真实情况，保证生产的透明化，提高企业生产效率。

数字孪生的引入，使传统车间更加开放，扩展性更强，更容易实现工业数据、人工智能等新一代信息技术的集成。此外，可以为生产线的管理层提供设备远程监控、生产数据处理与分析、优化生产过程等服务，这对于企业信息化的提升，帮助制造企业科学制定生产计划、合理配置生产资源和有效控制管理成本等都具有重要意义。

为了提高生产线的生产效率，传统生产线越来越需要精益化的生产模式。生产的生产组织模式发生大幅变化，对生产过程管控提出了更高的要求。而现阶段企业对生产线生产制造过程的管控仍然相对粗放、滞后，生产线设备状态、制造流程、过程控制多依靠人工进行点检、识别和记录，无法将各设备、各系统数据信息有效协同，数据记录分散导致查找时需要在不同系统间进行切换，数据信息查找效率低，追溯难。系统运行过程受到生产订单、现场资源以及组织管理方法等诸多因素的影响与制约，随着系统规模的增加，传统生产线生产过程管控模式越来越难以满足柔性制造模式下透明化、精准化、敏捷化的管控需求。

目前，越来越多的学者提出数字孪生技术与车间系统相结合的思路，意在将数字孪生技术应用到产品的全生命周期，并提出数字孪生车间等新理念。采用标准数据格式与有效的通信方式，将生产线管控系统与数字孪生技术进行深度融合，实现物理空间和信息空间之间的实时通信，从而可以达到生产线智能管控的目的[2-5]。

基于数字孪生（Digital Twin）、工业互联网（Industrial Internet）、大数据（Big Data）与物联网（Internet of Things）技术，研发对生产线现场进行数据采集与管理、生产效能评估建模、人机交互式三维/二维集成可视化等功能模块，通过与数字化生产线的其他信息系统，如 MES、AIoT、ERP 等进行数据集成，构建智联生产线多维集成实时数据库、运行状态实时监控平台、融合式管控系统，实现 B/S架构下的生产线制造现场、电子看板以及客户端三位一体的信息化服务平台，对智联生产线制造资源进行三维可视化导航，显示、分析与管理生产线现场设备状态信息、生产工艺参数信息、车间物流过程，形成面向数字化智联生产线的融合式管控平台，实现透明化生产[6-8]。

5.2.1 系统目标

智联生产线在运行过程中会产生大量的多源异构数据，数据中包含了涉及生产线相关设备运行状态以及在制产品质量的重要特征信息，如何充分有效地挖掘和分析这些信息，从而实现对智联生产线制造过程的实时管控，是一个亟待解决的问题[9-11]。

针对以上问题，依托大数据、物联网、神经网络、深度学习、开放平台通信-统一架构（Open Platform Communications-Unified Architecture，OPC-UA）等技术，开发了智联生产线制造过程管控的原型系统，在此基础上开发了工艺参数优化、生产过程异常报警、自动排产排程、智能工业质检、安全巡检等服务功能，为企业人员提供高效的技术指导和管理决策服务，从而提高产品的生产效率和质量，同时降低能耗和物耗，实现安全生产。

5.2.2 功能需求分析

以深圳某企业 PCB 微孔钻削自动化生产车间为调查研究对象，通过多次走访调研，与产品设计师和生产现场管理人员沟通交流，了解了该产线运行及维护过程中存在的相关问题，现归纳总结需求如下：

1）生产线设备生产厂商、型号不一致导致无法对设备的运行情况进行集中实时管控；

2）产品制造过程中，对于精密加工设备上的易耗品，如刀具等不能及时掌握其损耗情况，由于更换易耗品不及时，导致产品的不合格率较高；

3）生产线中的视觉检测设备只能判断产品是否合格，无法获取产品具体的不良类型，人工复判率高，统计工作量大，无法实时动态地对生产工艺进行调整。

根据以上问题，为了实现智联生产线设备运行状态的同步监测，采集和分析多源、异构数据，获取有价值的信息，为决策及评估提供依据，整理归纳了待开发的智联生产线管控原型系统的功能需求，具体如下：

（1）设备与在制产品的实时数据感知 依托智联生产线相关设备的控制系统、PLC、RFID、加装其他硬件设备等方式实时采集设备和在制产品的状态信息，并将其传送至服务器进行数据存储和统计，实现多源异构信息互联互通。并基于关键事件，针对企业生产的痛点进行生产数据的服务化封装，实现数据增值。

（2）三维可视化实时状态监测 依托 OPC-UA 技术，将实时感知得到的数据用于驱动 Tecnomatix 平台下的虚拟模型和 GENESIS64 平台下的数据可视化系统，实现生产线相关设备运行状态下的各项制造相关指标实时状态管控，如工艺参数优化、生产过程异常报警、自动排产排程、智能工业质检、安全巡检等功能。

（3）系统附加需求 系统要具有较快的响应速度以及较强的灵活性和可维护性，并且具备高安全系数、高内聚、低耦合、低硬件开销、低成本等优点。

5.2.3 系统架构选择

目前，较为常见的软件系统架构主要有 C/S（Client/Server）模式和 B/S

（Browser/Server）模式两种，B/S 架构由 Browser 客户端、Web 服务器端和数据库（Database，DB）后端组成，具体如图 5-1 所示。该架构将显示逻辑和事务处理逻辑分别交由 Browser 客户端（Web 浏览器）以及 Web 服务器端完成。Browser 客户端可通过操作系统自带的 Web 浏览器访问，无需用户安装新的软件，系统的升级也可直接通过 Web 服务器端完成。并且，B/S 架构能在广域网中通过管理多个用户的访问权限实现较为强大的交流互动能力。B/S 模式下的软件具有重用性好、客户软件升级成本低、客户维护成本低、使用界面一致性好等优点，但其在界面表现效果、系统响应速度、安全性上需要投入大量的研发成本和研发时间。

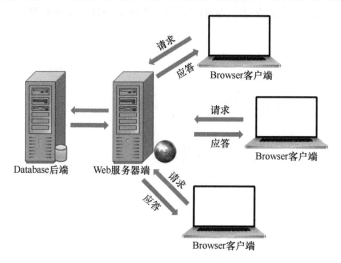

图 5-1　B/S 系统架构

C/S 架构由 Client 客户端和数据库服务器端组成，C/S 系统架构如图 5-2 所示。该架构将显示逻辑和事务处理逻辑全部交由 Client 客户端完成，Client 客户端通过调用结构化查询语言（Structured Query Language，SQL）或存储过程来与数据库进行交互，从而实现持久化数据，以此来满足实际项目的需求。C/S 架构由于只有一层交互，

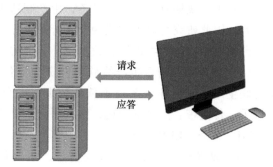

图 5-2　C/S 系统架构

因此响应速度较快，系统界面表现效果较为丰富，且安全性容易保证，但其通常适用于局域网中，且面向特定用户，用户需经授权安装 Client 客户端后才能使用，系统更新后所有的客户端均需进行升级。

相比于 C/S 模式，B/S 模式更适合移动办公与高效管理场景，同时考虑到当前

集团类公司进行多地办厂的情况较为普遍，所以本项目采用 B/S 模式的系统架构进行系统开发。如图 5-3 所示，采用表示层、业务逻辑层和数据访问层的 3 层体系结构建本项目的系统开发架构：

1）表示层：表示与用户交互的界面，也可称为用户界面层，主要功能是由用户提交或录入数据，在用户完成数据录入之后，数据将被传输到业务逻辑层。

2）业务逻辑层：对用户在表示层中传入的数据进行封装操作，并且向数据访问层提交一份调用请求。

3）数据访问层：根据业务逻辑层提交的请求，转化为 SQL 指令，进行数据库层面的操作，建立数据库连接、加载连接以及执行 SQL 指令对数据库中的数据进行操作。

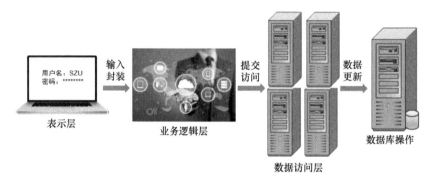

图 5-3　系统开发架构层次

5.2.4　系统模块设计

智联生产线拥有大量物理设备，生产制造工艺流程也更加复杂，设备之间交互性较差，因此研究智联生产线融合式管控管控平台至关重要。智联生产线融合式管控平台系统架构分为物理层、数据层、业务层、系统层。

（1）物理层　智联生产线软硬件资源，包括智联生产线各级设备等硬件资源及智联生产线相应业务系统等软件资源。硬件资源主要有智能仓库、AGV 小车、机械手、传送带、激光标刻机、缓冲平台、钻床、视觉检测装置等；软件资源主要有 AIoT、MES、ERP、ESS。

（2）数据层　采集存储数据信息，主要包括实时监控数据、生产流程数据、制造静态数据，通过数据采集、追踪、交互模块传输至数据中台进行生产线多源异构数据的集成处理。设备信息实时采集模块获取生产线实时监控数据，包括人员状态、设备状态、物料状态等；产品信息追踪模块采集在制品状态信息，包括单元级、缓冲区级、生产线级流程数据；系统信息实时交互模块将不同业务系统数据传输至数据库并进行各业务系统数据的实时交互。数据中台主要功能包括数据集成、数据传输、数据存储以及数据应用。

（3）**业务层**　数字孪生模型，主要包括生产线设备的环境建模、场景渲染、三维交互、人机协同；业务流程分析，主要包括生产线的生产流程、产能预测、质量检测、计划安排；模型融合应用，主要包括生产线各设备及生产流程的详细看板、仓储看板、过程同步、状态同步。

（4）**系统层**　智联生产线各业务系统，主要包括 AIoT、MES、ERP 产线资源计划管理系统、ESS 产线效能评估服务模块。

系统的主要功能模块可以分为三大块，一是基本参数的汇总，体现在模块中的基础资料和企业订单、计划、采购管理模块当中，能够较为全面地实现对产线基础数据的统计；二是设备管理及预警，这部分主要通过生产管理，维护管理来实现，设备的运行状态检测能够被实时监测到，进而能够判断设备状态是否异常；三是可视化模块，在这个模块实现生产线状态与数据的可视化展示，包括生产线各工位的运行信息、车间看板、整体布局、在制产品位置信息、周围环境、报警信息、相关设备的实时功率、生产线的实时能耗信息[12-15]。

5.2.5　数据库设计

数据库（Database）的功能是将大量数据以一定的数据结构存储、组织起来，相当于是数据存储的大仓库。数据库管理系统（Database Management System，DBMS）的功能是管理、定义、操作和维护数据库，并提供访问数据库的接口。SQL（Structure Query Language）是专门用来与数据库通信的语言，在 DBMS 中，可以通过编写 SQL 语句来实现对数据库的各种操作。数据库设计是基于对生产线业务逻辑的数据抽象，所以数据库的设计是重中之重。它上承系统需求分析，从生产需求中抽取实体和关系，并落实成数据表和字段；下启系统具体的功能开发，直接影响功能开发的具体内容。实时数据库系统（Real Time Database System，RTDBS）是指数据和事物都具有时序特性或者明显的定时限制的数据库系统。实时数据库一般由内存数据库和历史数据库组成，其中内存数据库用于快速存储生产数据，历史数据库用于对生产数据进行持久化存储。

现在市面上常用的 DBMS 软件有：Oracle、MySQL、DB2、Microsoft Access、Microsoft SQL Server、MongoDB、SQLite、PostgreSQL 等。通过对比分析，本系统采用关系型数据库 MySQL。在生产线中，实时数据库采用 Redis 数据库和 MySQL 数据库组成的缓存存储结构，Redis 用来读取和存储实时采集的动态数据，MySQL 用来存储历史数据和静态数据，如图 5-4 所示。

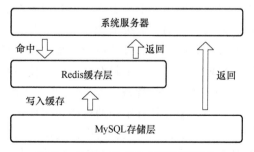

图 5-4　Redis+MySQL 缓存存储结构

数据库调用利用关系数据库的触发器实现，数据库中的数据改变时自动触发 Redis 相应的数据进行更新，如图 5-5 所示。

图 5-5　通过触发器将 MySQL 数据同步到 Redis

数据库开发环境如下：

1）开发语言：JavaScript；

2）数据库：MySQL 5. 7. 33；

3）数据库管理与操作工具：Navicat、PyMySQL。

系统基于 Node. js 环境，使用 child_process 模块在 Node. js 环境中建立子进程，然后在子进程中调用 Python 脚本。系统在设计数据库过程中使用的数据库管理工具是 Navicat，它提供了直观而完善的用户图形界面以协助数据库的管理、开发和维护，解放了在命令行窗口操作数据库的繁冗操作。PyMySQL 是 Python3 用来连接 MySQL 数据库的第三方库。使用 PyMySQL 比使用 Node. js 的 MySQL 库更简洁，而且不用考虑同步调用、异步调用的问题。在本系统的开发中，虽然 Navicat 可以实现同样的功能，但 Navicat 是供开发人员使用的，而 PyMySQL 模块是为了实现后台与数据库的交互，可以通过编写 Python 脚本自动完成数据库增删改查等后台操作。

1. 系统数据库子模块设计

为了便于分门别类地组织智联生产线数据，特设计以下子模块：

（1）系统管理　系统需要根据用户的不同身份为其赋予不同的功能权限，只对特定权限的用户开放特定的功能，譬如系统管理员能操作所有功能，人事部只能操作人事相关的功能模块，生产技术岗只能操作生产运行相关的功能模块等，并对用户权限进行统一管理。系统应管理用户的账号、密码、状态和权限角色，用户必须通过输入系统许可的用户 ID、密码和验证码的方式登录系统，以保障系统的信息安全。用户登录系统后应能设置和修改自己的登录密码。综上所述，系统管理模块需要下设角色菜单管理、用户管理、修改密码三个功能模块。

（2）员工信息管理　为了将人力资源纳入生产计划的统一规划，必须建立员工信息管理模块。系统需要将企业中所有员工的基本信息收录其中，包括工号、照片、姓名、性别、上级主管、所在部门、职务、工资、入职时间、联系方式、员工状态等。其中员工工号是作为系统内员工身份的唯一标识。在系统中显示员工的在职、离职、请假、停工状态，可以方便考勤管理和绩效考核。

（3）产品信息管理　生产线可生产产品类型丰富，每一种产品类型下设多种型号，不同型号具有不同的规格，因此产品信息管理模块必不可少。新产品的研发周期长，产品信息在较长时间内变动不大，只需建立产品原料库，收录各类产品的产品类型、型号、规格、图纸、单价等信息。

（4）**设备及状态信息管理**　生产线拥有较多设备资源，为了管理诸多设备，设备信息模块会收录设备的编号、名称、制造厂商、采购时间、位置等信息，并提供数据录入、修改、查询功能。因为设备的运行状态是生产现场中重要的动态参数，所以设备状态模块需要实时监测设备的加工状态（如关机、调试、运行、待机、停机、警告状态）和加工进度，并以可视化的形式直观地展现出来。综上所述，该模块需要下设设备信息模块和设备状态模块。

（5）**物料清单管理**　物料清单（Bill of Material，BOM）是将产品的原材料、组合件、零配件进行拆解，并将各单项材料的名称、编号、类型、规格型号、基本单位、物料图号、供应厂商、损耗率、数量等信息记录下来排列而成的清单。该模块需要下设 BOM 结构管理模块和基础 BOM 管理模块两个功能。

（6）**订单信息管理**　一般的业务流程是订货商先向工厂下达订单，工厂接受订单后根据订货产品、订货数量和交货日期安排生产计划、进行生产调度，所以订单信息管理可以为后续的生产计划、排产调度提供依据来源，故将其纳入生产线信息管理系统中。为了实现订单及时准确地记录追踪，订单信息管理模块大致需要包含订单编号、客户名称、下单日期、交付日期、订单产品编号、数量、订单状态等信息。另外，订单信息属于动态数据，为了及时接收新的订单，该页面还需要能够实时更新订单，以实现订单信息的刷新和滚动。除此之外，为了让订单信息更加直观，还需要订单统计功能，计算、汇总订单信息并以图表的形式展现出来。综上所述，该模块需要下设订单信息模块和订单统计模块。

（7）**生产计划**　生产线采用的订货式生产模式，根据订单交付时间制定月生产计划表，再根据月生产计划表定日生产计划表。参照生产计划编制规范，生产计划表需要包含生产批号、产品名称、数量、金额、制造起止时间、交付日期、需要工时、物料、物料数量等信息。另外，因为生产计划的依据订单信息是动态信息，所以生产计划也应该具备实时更新的功能，随着订单信息的刷新而刷新。此外，计划调度员往往需要算法的帮助，所以该模块还会引入流水车间调度算法，计算得出综合加工时间最短的每日生产调度甘特图，以供计划调度员在调度决策时参考。综上所述，该模块需要下设月生产计划模块、日生产计划模块以及算法调度。

（8）**工单信息管理**　工单是由一个或多个作业组成的制造计划，它是生产线上极其重要的管理工具，生产管理者根据工单信息记录生产进程。工单信息管理模块需记录每一笔工单的工单编号、任务、起止时间、工单完成率、工单状态等信息，相当于一块生产看板，可以实时监测工单的完成情况，并能根据工单信息汇成统计图表，直观、及时地反映实际生产状况。综上所述，该模块需要下设工单信息模块和工单统计模块。

（9）**产品-工序-设备-工时信息管理**　产品-工序-设备-工时信息管理模块记录加工每种产品需要的工序、对应工序所需的设备、该产品该工序该设备下所用工时。

2. 系统数据库 ER 图设计

设计逻辑数据库就是根据实际需求构建数据模型的过程。它主要包括两个步骤：一是创建实体关系图（以下简称 ER 图），ER 模型是一种泛化的自上而下的数据库设计方法，应能准确地表达生产线对数据的需求；二是将 ER 模型映射成表的集合，根据生产线系统需求分析，可以标识出需要的实体，如员工、设备、物料、工序、产品、工单、订单、生产计划等。通过理解生产线的业务流程，可以标识出这些实体之间存在的重要关系，例如设备和产品是加工与被加工的关系、员工和设备是使用和被使用的关系，物料和产品是组成和被组成的关系。这样，通过标识实体和标识关系，可以得到全局 ER 图，如图 5-6 所示。

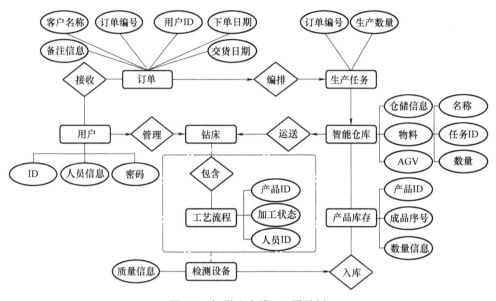

图 5-6　智联生产线 ER 图示例

3. 系统数据库表设计

在智联生产线中，数据库物理设计是将逻辑数据库的实体、属性、关系等转换为 MySQL 可以实现的具体的物理数据库。结合生产线物理数据模型和 MySQL 的存储结构特征，参考数据库设计三大范式，设计了 15 张数据表，包括用户权限表、员工表、职位表、部门表、工序表、产品类型表、产品规格表、设备表、物料清单表、订单表、生产线表等，并针对智联生产线设计了示例表格。因篇幅所限，故只将部分数据表的设计资料整理如下，见表 5-1 ~ 表 5-8。

表 5-1　用户权限表

字段	数据类型	长度	是否为空	备注	是否主键
id	int unsigned		NO		YES
user_id	varchar	20	NO	账号	NO

（续）

字段	数据类型	长度	是否为空	备注	是否主键
user_name	varchar	20	NO	用户名	NO
role	varchar	10	NO	角色	NO
password	char	36	NO	密码	NO
status	tinyint unsigned	1	NO	状态：1—正常；0—禁用；2—删除	NO

表 5-2　员工表

字段	数据类型	长度	是否为空	备注	是否主键
id	int unsigned	11	NO		YES
employee_code	int unsigned	11	NO	员工工号	NO
avater	varchar	255	YES	员工照片	NO
name	varchar	50	NO	员工姓名	NO
sex	char	1	NO	性别	NO
onboarding_date	date		NO	入职时间	NO
department_code	int unsigned	11	NO	部门编号	NO
position_code	int unsigned	11	NO	职位编号	NO
superior_code	int unsigned	11	YES	上级工号	NO
working_status	int unsigned	1	NO	工作状态：1—在职；2—停岗；3—离职	NO
phone	varchar	11	YES	员工手机号	NO
salary	float	10	NO	工资	NO
status	int unsigned	1	NO	状态：1—正常；2—删除	NO

表 5-3　产品规格表

字段	数据类型	长度	是否为空	备注	是否主键
id	int unsigned		NO		YES
product_code	varchar	30	NO	产品编号	NO
product_type_code	varchar	20	NO	产品型号	NO
product_model_code	varchar	30	YES	产品类型	NO
diameter	float		NO	直径	NO
shank_diameter	float	10	NO	柄径	NO
status	tinyint unsigned	1	NO	状态：1—正常；2—删除	NO

表5-4 设备表

字段	数据类型	长度	是否为空	备注	是否主键
id	int unsigned		NO		YES
status_text	varchar	10	YES	设备状态	NO
device_id	varchar	10	NO	设备编号	NO
title	varchar	20	NO	设备名称	NO
content	varchar	255	YES	加工图号	NO
desc	varchar	255	YES	描述	NO
image	varchar	255	YES	设备图片	NO
progress	int	3	YES	设备加工进度	NO
tag	varchar	10	YES	设备标签	NO
warning	tinyint		YES	警告：0—正常；1—警告	NO
group_name	varchar	10	YES	设备所属车间	NO
product_line_id	varchar	10	NO	生产线编号	NO
buy_date	date		YES	采购时间	NO
manufacturer	varchar	255	NO	生产厂商	NO
status	tinyint unsigned	1	NO	状态：1—正常；0—删除	NO

表5-5 工单表

字段	数据类型	长度	是否为空	备注	是否主键
id	int unsigned		NO		YES
work_order_id	varchar	15	NO	工单编号	NO
name	varchar	20	NO	产品名称	NO
number	int unsigned	10	NO	工单数量	NO
rejected_number	int unsigned	10	NO	不合格数量	NO
completed_number	int unsigned	10	NO	完成数量	NO
start_time	datetime		NO	计划开始时间	NO
end_time	datetime		NO	计划结束时间	NO
completed_rate	varchar	7	NO	工单完成率	NO
work_order_status	int unsigned	1	NO	工单状态：1—已派工；2—生产中；3—暂停；4—已完工；5—已关闭	NO
product_line	varchar	10	NO	生产线	NO
comment		255	YES	备注	NO

表 5-6　产品-工序-设备-工时表

字段	数据类型	长度	是否为空	备注	是否主键
work_piece	varchar(20)	20	YES	工件	YES
process_id	varchar(10)	10	YES	工序	NO
device_id	varchar(10)	10	YES	设备	NO
time	int(11)	11	YES	加工时间(单位:s)	NO

表 5-7　月生产计划表

字段	数据类型	长度	是否为空	备注	是否主键
id	int(11) unsigned	11	NO		YES
month	char(2)	2	NO	月份	NO
batch	varchar(50)	50	YES	生产批号	NO
name	varchar(20)	20	NO	产品名称	NO
number	int(10) unsigned	10	NO	数量	NO
money	float unsigned		YES	金额(人民币:元)	NO
start_time	datetime		YES	制造开始时间	NO
end_time	datetime		YES	制造结束时间	NO
out_date	date		YES	交付日期	NO
work_time	float unsigned		YES	需要工时(单位:s)	NO
material	varchar(20)	20	YES	物料名称	NO
material_num	int(10) unsigned	10	YES	物料数目	NO
comment	varchar(255)	255	YES	备注	NO
status	tinyint(1) unsigned	1	NO	状态:1—正常;0—删除	NO

表 5-8　订单信息表

字段	数据类型	长度	是否为空	备注	是否主键
id	int	10	NO		YES
order_id	varchar	20	NO	订单编号	NO
client_name	varchar	50	NO	客户名称	NO
order_date	datetime		NO	下单日期	NO
delivery_date	datetime		NO	出库日期	NO
product_code	varchar	30	NO	产品编号	NO
unit	char	3	NO	单位	NO
number	int	10	NO	数量	NO
out_number	int	10	NO	已出库数量	NO
comment	varchar	255	YES	备注	NO
order_status	tinyint		NO	订单状态:1—已派工;2—生产中;3—暂停;4—已完工;5—已关闭	NO
status	tinyint	1	NO	状态:1—正常;0—删除	NO

5.2.6　生产线数字孪生

物理实体空间中，与生产线相关的制造资源包括制造设备、操作人员、物料和环境，通过其交互运作完成各类生产任务。传统的虚拟仿真技术往往针对具体场景下的单一目标进行设备模型、人员模型、物料模型和环境模型的独立建模，难以满足制造资源在存在形式和业务流程上的多维度和多层次融合，无法完整真实地再现实际加工生产过程。生产线仿真过程中，孪生模型面对不同类型和多样化功能的物理实体，需要建立统一的逻辑结构，进而构建数字空间中的数字孪生逻辑模型。

利用数字孪生技术进行物理实体设备的虚拟空间建模，构建相应的数字孪生逻辑模型，实现生产制造资源从物理空间向数字空间的多维度映射，其中包括几何、物理属性对物理空间中制造设备的几何数据和物理特征的映射，生产行为对制造设备的状态变化、产品形态变化等行为的映射，以及仿真规则对物理空间设备运行和演化规律的映射。因此，面向生产线仿真的数字孪生逻辑模型是在数字空间中从几何参数、物理属性、生产行为和仿真规则4个维度对生产制造资源进行描述的抽象模型[16-18]。

5.2.7　开发工具和运行环境

智联生产线管控系统的运行环境包括硬件环境和软件环境两方面。

（1）硬件环境　硬件系统需求见表5-9。

表5-9　开发的硬件环境

设备名称	硬件名称	参数
设备1	处理器 CPU	2CPU2. 10GHz
	内存管理节点	32GB
设备2	处理器 CPU	2CPU3. 60GHz
	内存管理节点	32GB
设备3	处理器 CPU	2CPU3. 60GHz
	内存管理节点	64GB

（2）软件环境　本系统采用 Java 语言进行开发，采用前后端分离技术，利用 Spring 后端技术框架以及 Vue 前端技术框架进行开发。后端 Java 代码基于 Intelli JIDEA 开发工具进行开发，使用软件 Navicat 进行数据库可视化管理；前端代码采用 Vue 进行开发，使用 Git 进行代码托管和版本控制。用到的主要开发工具见表5-10。

表5-10　开发的软件环境

编号	名称	版本	主要作用
1	Intelli JIDEA	2020	后端开发工具

（续）

编号	名称	版本	主要作用
2	Visual Studio Code		前端开发工具
3	Java	jdk1.8.0_171	开发语言
4	Maven	3.8.1	包管理
5	MySQL	5.7	数据库
6	Vue+nodejs	2.2.2	前端框架
7	Nacos+Pigx	2.0.2	微服务管理框架
8	SpringCloud	2.1	后端微服务框架
9	Jwt	3.10.3	单点登录
10	Swagger	3.0.0	接口文档框架
11	Mybatis	3.0	持久层框架

5.3　应用案例

PCB（Printed Circuit Board），即印制电路板，是电子产品中非常关键的组成部件，其产值已达到全球电子元器件相关产业总产值的四分之一以上。中国产业信息网发布的《2016—2022年中国PCB市场深度调查及投资前景分析报告》指出：随着创新化、智能化设备的迅速发展，印制电路板行业市场增长点也随之增多，全球印制电路板行业在未来很长时间会持续地增长。中国已发展成世界级的PCB生产大国，产值全球第一，企业数量、规模都处于顶尖水平，但高端设备、技术、材料等被国外所垄断，相对于国外顶尖PCB企业在研发投入、生产技术上仍然存在不小差距。

通过调研某专业从事高精度PCB、HDI PCB的研发、生产和销售的科技公司，发现其PCB微孔钻削生产线存在自动化水平低、产线布局不合理、信息没有互联互通等问题。根据调研结果及实际情况，在实验室搭建了PCB微孔钻削微型生产线。首先对智联生产实验平台的整体架构进行设计；其次针对物理设备层，分析PCB加工生产的特点，选择经典工序进行产线方案设计，并根据设计结果搭建智联生产线的物理实验平台；最后分析智能物联需要的软件系统架构，搭建包括设备互联平台和状态管控原型系统的智联生产线管控系统。

5.3.1　PCB微孔钻削智联生产线

基于实际的PCB微孔钻削生产线与多层PCB工艺流程，根据实验室的实际情况，选择PCB多层板工艺流程中的微孔钻（钻孔/背钻）作为主要的加工工序。根据主要加工工序，设计PCB从原料、仓库、转运、加工、检测到成品的一整套流程，如图 5-7 所示。建立的生产车间包括仓储区、加工区以及转运区等 3 个工作区域，能够较好地模拟实际生产车间。

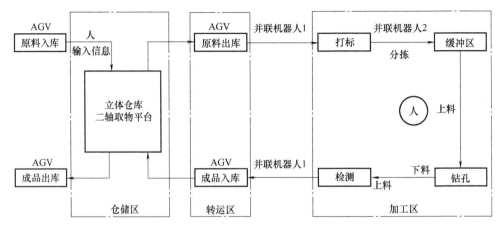

图 5-7　PCB 微孔钻削生产线流程图

根据 PCB 微孔生产线流程图、PCB 板料大小、实验室空间以及主要加工工序的 CNC 微钻平台外形尺寸，设计各工位的大小以及功能，完成整体布局设计，如图 5-8（见插页）所示。同时完成具体的加工工序设计，所确定的工序流程是从仓库中开始的，不考虑前期的采购入库以及后期的交货出库流程。

生产线的工序流程如下：

步骤 1：根据生产订单以及数据库中的仓库库存数据，立体仓库配套的三轴取物平台依据指令到对应的库位拿取原料（托盘以及其上若干个待加工的 PCB 板料）并将其放于转运自动导引车（Automatic Guided Vehicle，AGV）上的对应位置；

步骤 2：AGV 从仓库移动至指定位置后，并联机器人将托盘上的板料依次转运到传送带上；

步骤 3：当板料移动至打标位置后，打标机根据系统指令，在板料的指定位置打上特定的二维码，作为该板料的唯一标识，以便未来进行产品质量回溯；

步骤 4：板料沿传送带继续前进，到达指定位置后，由并联机器人将板料移动到缓冲区中指定的格子；

步骤 5：缓冲区对应格子前方有指示灯，其中下一个需要加工板料前方的指示灯会根据指令点亮；

步骤 6：工程师根据缓冲区的指示灯，拿取对应格子中的物料（单个或者多个），使用扫码枪扫描物料上的二维码；系统确认无误后，数控机床会自动调整刀路或刀具，将其拿到加工平台上进行装夹，然后开始微孔钻削；

步骤 7：完成微孔钻削后，工程师将成品板料取出并依次放到传送带上；

步骤 8：成品板料到达指定位置后，检测平台就会自动拍摄并进行孔的一系列质量检测，并将检测结果和图片上传至系统；

步骤9：完成检测后的板料到达指定位置，并联机器人根据指令将成品板料移动至 AGV 指定位置的空托盘（成品托盘）上；

步骤10：AGV 根据轨迹返回立体仓库指定位置，三轴取物平台拿取装有成品板料的托盘并将其放回系统指定的库位中。

5.3.2　PCB 微孔钻削智联生产线融合式管控系统

管控系统包含丰富的功能，现分述如下：

（1）**系统登录页面**　PCB 微孔钻削智联生产线生产运行管控系统的登录界面如图 5-9 所示。在使用系统之前，用户需要注册，获得相应的系统使用权限，依据权限访问相应的系统功能，从而实现用户的分级管理。

图 5-9　智联生产线管控系统登录界面

（2）**租户管理模块**　租户管理模块可以实现 PCB 微孔钻削智联生产线租户查看和管理功能，租户也可以在里面进行申请和缴费，来获得平台使用权限。租户管理模块主要分为租户账户、租户缴费和缴费记录三个子模块，其中租户账户可以查看租户的基本信息、注册时间和逾期时间，用户可以在该模块中查看租户的缴费详情并对租户的申请进行审核。其功能界面如图 5-10 所示。

（3）**设备管理模块**　设备管理主要包括基础信息、设备通信、建模资料和解析管理 4 个子模块，用户可以通过该模块对设备数据及其相关信息进行管理，如图 5-11 所示。用户可以对设备的分组编码、档案及类型编码等信息进行查看和修改，便于对设备进行分类管理；在设备通信子模块中，可以对设备的网关、控制器的通信协议、点位信息等进行修改，便于对设备之间的通信功能进行调整，确保生产过程中保持设备之间正常的连接和通信。

（4）**设备接入模块**　设备接入是数据采集的必要环节，可实现生产线设备的控制及运行过程中实时信息的采集，为服务化封装、优化配置提供必要的数据。设备接入模块主要包括设备物理模型、实时数据、历史数据等子模块，如图 5-12 所

图 5-10　设备互联平台的租户管理界面

图 5-11　设备互联平台的设备管理界面

图 5-12　设备互联平台的设备接入界面

示。首先，该模块实现了对各设备的采集状态的控制；其次，可以收集各设备的实时数据，从而展示各设备的实时状态，"待机"表明设备运行正常，"离线"则表示需要检查并调试设备；最后，用户还可以在这个模块查看设备的历史数据和故障记录，便于对设备数据进行统计分析。

（5）统计分析模块 生产车间的统计分析工作是车间管理的基础，能够为车间生产经营管理和决策提供依据。只有合理地开展统计分析工作，才能使基层管理者及时掌握车间生产情况，加强产品过程质量管理，并做出适合车间生产工作的下一步决策。该模块能够对生产线所有设备的上线率、离线率、故障率和采集项趋进行统计，其功能界面如图5-13所示。

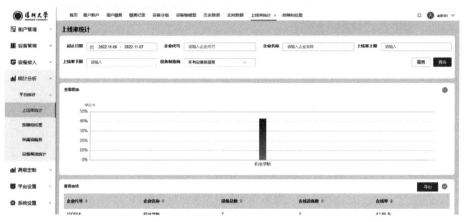

图 5-13 设备互联平台的统计分析界面

（6）高级定制模块 高级定制模块包括数据源、数据集、看板信息、大屏设计器、看板查看以及数字字典6个子模块，用户可以利用该模块将系统定制成与其生产线更加匹配的界面，便于进行数据的管理和展示，其功能界面如图5-14所示。

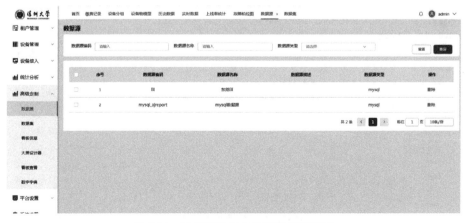

图 5-14 设备互联平台的高级定制界面

数据源和数据集两个子模块分别对数据源、数据集的种类、编码和类型进行管理；看板信息和大屏设计器两个子模块可以对生产线的信息进行管理和可视化展示。

（7）**平台设置模块** 在平台的使用过程中，难免要对在该平台内的租户、系统、单位类型、计量单位等信息进行修改，用户可以在对应的子模块进行相关操作。其中定时任务子模块是一个极其重要的子模块，其界面如图5-15所示，记录了与生产相关的任务类型及信息，用户可以通过控制这些任务的启动与暂停来控制生产线的启停。

图 5-15 设备互联平台的平台设置界面

（8）**系统设置模块** 系统设置包括用户管理、角色管理、组织管理、系统参数、系统常量等模块。用户管理用于显示可以对本系统进行操作的用户的基本信息，普通用户（仓库管理员、电商人员）可以查询用户的基本信息，系统管理员可以查看、编辑、删除、添加用户信息，如图5-16所示。组织管理子模块用于管理平台根组织的基本信息，系统管理员可以查看、编辑、删除和添加根组织信息。

图 5-16 设备互联平台的系统设置界面

管理员可以在字典管理、系统参数和系统常量中对生产过程中涉及的参数、常量进行查看、编辑、删除、添加等操作。

（9）系统主界面 如图 5-17 所示，通过智联生产线管控系统主界面，用户可以直观且方便地看到正在进行中的订单产量信息、产品质量分析、设备运维状态、物料拉动需求以及生产故障等主要信息的报表，从而能够对于当前的生产情况有总体的了解，还可以通过单击侧方菜单栏选取相关选项来读取更加详细的数据报表，数据报表的功能界面如图 5-18 所示。

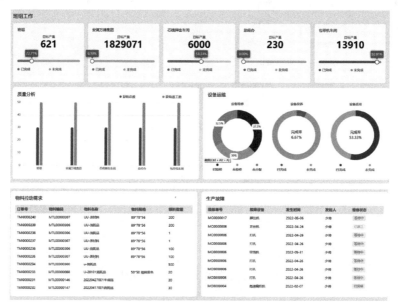

图 5-17　生产线状态管控原型系统的首页展示界面

图 5-18　生产线状态管控原型系统的分析报表界面

（10）**企业信息管理** 为了帮助企业建立自己的信息架构，在功能界面中设置了基础资料和企业建模的功能选项。基础资料的功能界面如图 5-19 所示。基础资料可以帮助企业管理运营相关的信息，包括组织架构、业务对象、物料档案等，保障其业务模块的顺利运行。例如，在其中的物料档案子模块，企业可以建立物料的档案，录入详细信息，通过分类功能对物料信息实现更高效的管理，物料档案的界面如图 5-20 所示。

图 5-19　生产线状态管控原型系统的基础资料界面

图 5-20　生产线状态管控原型系统的物料档案界面

企业建模的功能界面如图 5-21 所示。企业建模功能可以帮助企业保存与生产相关的工艺信息、工序信息以及各类规范文档，方便企业对生产过程进行规范化、具体化，便于实现对生产过程整体的调控与管理。

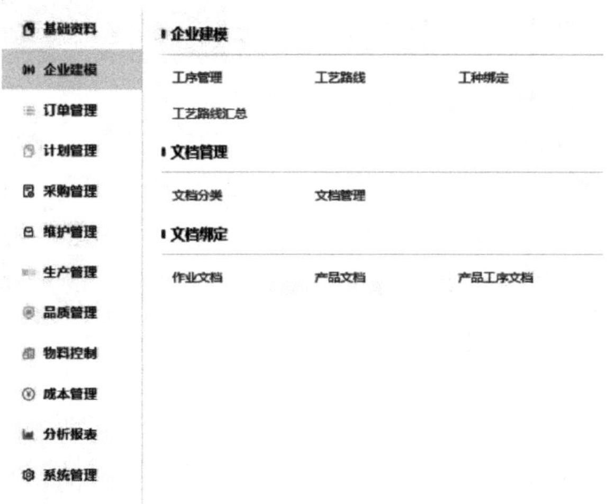

图 5-21　生产线状态管控原型系统的企业建模界面

（11）资金物料管理　为了帮助企业更加方便地管理生产过程中的资金流动和物料流动，在管控系统中设置了订单管理、采购管理、物料控制和成本管理的功能选项。

订单管理的功能界面如图 5-22 所示。订单管理可以帮助企业管理自己的生产订单和销售订单，根据订单情况分析产品需求情况，并且可以作为制定下一步生产计划的依据。

图 5-22　生产线状态管控原型系统的订单管理界面

采购管理的功能界面如图 5-23 所示。采购管理可以帮助企业管理采购订单以及相关的物料入库信息，从而更加方便地对采购的物料进行记录和相关的管理。

物料控制的功能界面如图 5-24 所示。物料控制可以帮助企业管理成品和原料

图 5-23　生产线状态管控原型系统的采购管理界面

的库存数据，还包括售后退库的产品，方便企业从生产前到销售后的全过程管理物料的库存数据，追溯各物料的流向。

图 5-24　生产线状态管控原型系统的物料控制界面

　　成本管理的功能界面如图 5-25 所示。成本管理可以帮助企业分析订单的成本，也可以单独分析订单中某一工序的成本或者需要外委的订单成本，方便企业根据成本分析结果选择合适且性价比更高的生产计划。

　　（12）生产过程管理　为了帮助企业更加方便地规划和管理生产过程，在管控系统中设置了计划管理、生产管理、维护管理和品质管理的功能选项。

　　计划管理的功能界面如图 5-26 所示。计划管理可以帮助企业在生产过程中进行派工以及工作调度，并且会有记录报表保存，方便后续查看。

图 5-25　生产线状态管控原型系统的成本管理界面

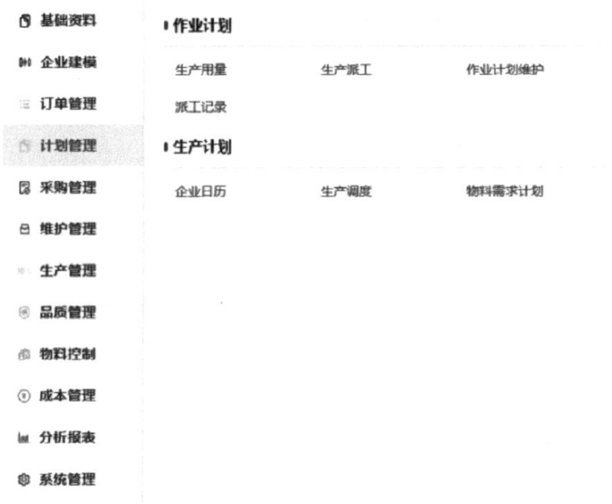

图 5-26　生产线状态管控原型系统的计划管理界面

　　生产管理的功能界面如图 5-27 所示。生产管理可以帮助企业监督并管理生产现场的任务列表和领料记录，除此之外还可以进行设备报修，确保生产过程的条理性。

　　维护管理的功能界面如图 5-28 所示。维护管理可以帮助企业记录生产设备的参数信息和维护记录，针对不同设备可以设置不同的保养方案并且记录保养的时间和完成情况，帮助企业做好对设备的维护和保养工作，保证设备的正常使用。

　　品质管理的功能界面如图 5-29 所示。品质管理可以帮助企业更加方便地监控产品的质量，还可以对具体工序和来料进行质量检验并且记录，记录数据可用于质

图 5-27 生产线状态管控原型系统的生产管理界面

图 5-28 生产线状态管控原型系统的维护管理界面

量追溯，方便企业找出影响质量的关键步骤以提出有针对性的改进措施，有利于产品质量管理，提高成品率。

（13）系统管理 为了帮助企业更好地使用该管控系统，还设置了系统管理模块，用户可以根据自身需求来自定义系统的部分参数，例如单据类型、系统语言、数据字典等，使得该系统更符合企业的需求和用户的使用习惯；也可以在这里查看登录日志和操作日志，对后台数据有更加清晰的认识和把握；还可以进行用户管理和角色管理，方便企业对工作人员的相关信息和操作权限进行及时的修正和调整，确保人员变动不会影响到实际的生产过程，保证生产的顺利进行。系统管理的界面如图 5-30 所示。

图 5-29　生产线状态管控原型系统的品质管理界面

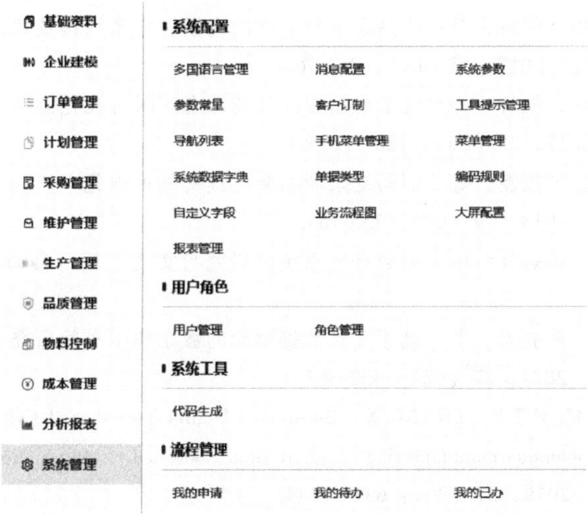

图 5-30　生产线状态管控原型系统的系统管理界面

5.4　本章小结

本章搭建了智联生产线的融合式管控系统，实现设备互联互通，解决生产过程中存在的业务系统集成度差、生产过程不透明等问题。在系统集成方面，通过对生产线以及各种业务系统进行集成，打通数字化集成数据的获取和传递通道，集成生产运营、工艺设计、制造执行和质量检测数据，构建了孪生数据库；针对生产过程不透明问题，形成一套数字化生产与集成测试生产线数字孪生模型，实现装配过程场景复现、仿真分析与虚实同步监控；针对生产订单排产、设备物联、安全巡检等问题，融合三维场景、业务系统与物理设备，构建生产订单动态排产系统、设备物联掉线系统、现场异常事件预警与追踪系统，实现订单动态排产、设备实时监控、现场异常事件快速反馈、预警与追踪。PCB 微孔钻削智联生产线实际应用表明，该管控系统能够有效提升生产过程的数字化、透明化、敏捷化水平，从而保障生产线的高效生产与产品的快速交付。

参 考 文 献

[1] 曾伟超，岑坚文. "5G+"推动印制电路板产业升级 [J]. 中国电信业，2022，(12)：73-76.

[2] 金国梁. 基于云平台的车间数字孪生系统的设计与实现 [D]. 沈阳：中国科学院大学（中国科学院沈阳计算技术研究所），2022.

[3] 张新生. 基于数字孪生的车间管控系统的设计与实现 [D]. 郑州：郑州大学，2018.

[4] 陈振，丁晓，唐健钧，等. 基于数字孪生的飞机装配车间生产管控模式探索 [J]. 航空制造技术，2018，61（12）：46-50，58.

[5] 庄存波，刘检华，熊辉，等. 产品数字孪生体的内涵、体系结构及其发展趋势 [J]. 计算机集成制造系统，2017，23（04）：753-768.

[6] 庄存波，刘检华，熊辉，等. 复杂产品装配现场动态实时可视化监控系统 [J]. 计算机集成制造系统，2017，23（06）：1264-1276.

[7] 万峰，刘检华，宁汝新，等. 面向复杂产品装配过程的可视化生产调度技术 [J]. 计算机集成制造系统，2013，19（04）：755-765.

[8] 刘红霞，徐磊. 组态软件中实时数据库系统的研究与实现 [J]. 自动化与仪表，2014，29（05）：40-44.

[9] 魏一雄，郭磊，陈亮希，等. 基于实时数据驱动的数字孪生车间研究及实现 [J]. 计算机集成制造系统，2021，27（02）：352-363.

[10] DING K, CHAN F T S, ZHANG X. Defining a Digital Twin-based Cyber-Physical Production System for autonomous manufacturing in smart shop floors [J]. International Journal of Production Research，2019，57（20）：6315-6334.

[11] QUAN Y, PARK S. Review on the application of Industry 4.0 digital twin technology to the quality management [J]. Journal of Korean Society for Quality Management，2017，45（4）：601-610.

[12] 李金龙，杜宝瑞，王碧玲，等. 脉动装配生产线的应用与发展 [J]. 航空制造技术，2013，(17)：58-60.

[13] 魏小红，颜建兴，金梅，等. 基于航空发动机脉动装配的智能管控技术研究 [J]. 航空制造技术，2020，63（06）：43-50.

[14] 黎小华，江海凡，许艾明，等. 面向分层透明管控的飞机总装线数字孪生系统 [J]. 航空制造技术，2023，66（05）：26-33.

[15] 朱志民，陶振伟，鲁继楠. 轨道交通转向架数字孪生车间研究 [J]. 机械制造，2018，56（11）：13-16.

［16］ ZHANG Q, ZHANG X, XU W, et al. Modeling of digital twin workshop based on perception data ［C］//Intelligent Robotics and Applications: 10th International Conference, ICIRA 2017, Wuhan, China, August 16-18, 2017, Proceedings, Part Ⅲ 10. Springer International Publishing, 2017: 3-14.

［17］ BANERJEE A, DALAL R, MITTAL S, et al. Generating digital twin models using knowledge graphs for industrial production lines ［J］. UMBC Information Systems Department, 2017.

［18］ LENG J, ZHANG H, YAN D, et al. Digital twin-driven manufacturing cyber-physical system for parallel controlling of smart workshop ［J］. Journal of ambient intelligence and humanized computing, 2019, 10: 1155-1166.

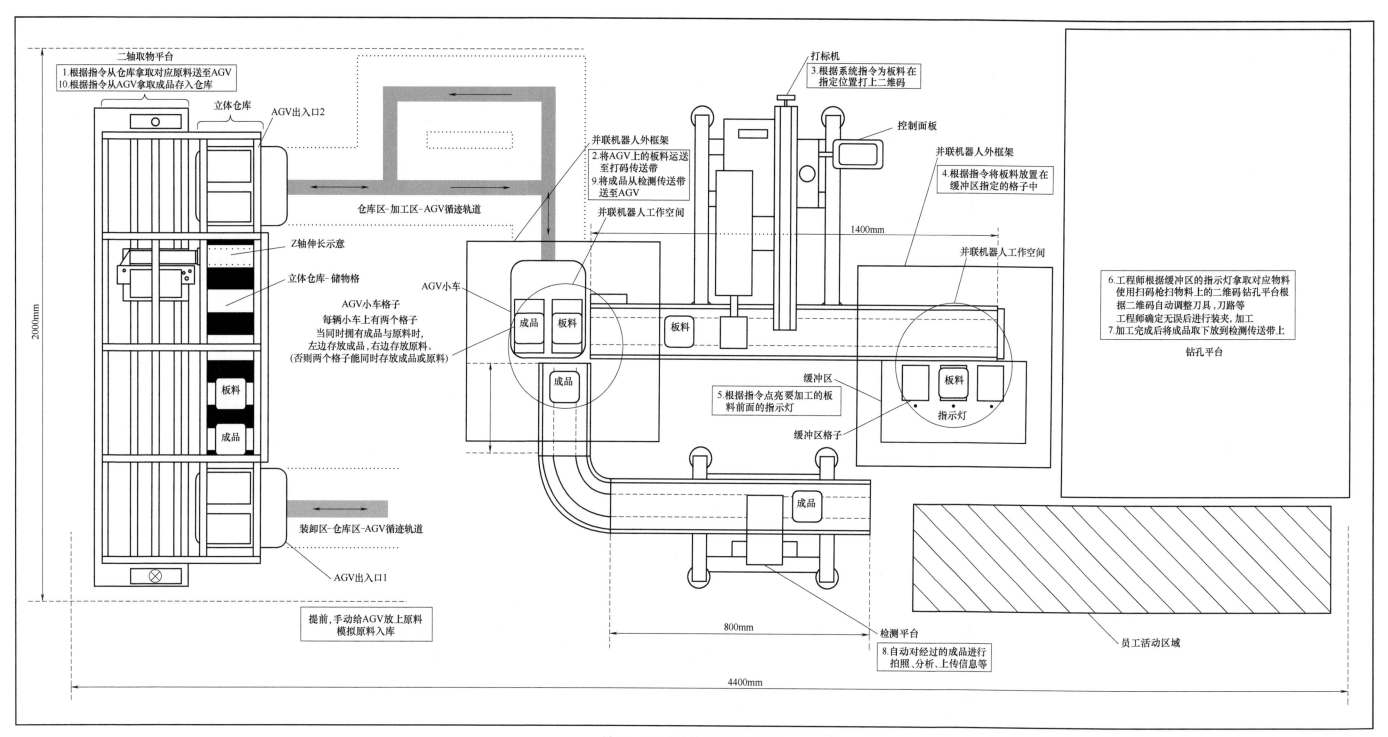

图 5-8 PCB 微孔钻削生产线布局图